功能化介孔材料
捕集 CO_2 研究

周凌云 李 涵 梁方方 著

中国科学技术出版社
·北京·

图书在版编目（CIP）数据

功能化介孔材料捕集 CO_2 研究 / 周凌云，李涵，梁方方著．-- 北京：中国科学技术出版社，2019.3
ISBN 978-7-5046-8231-4

Ⅰ．①功… Ⅱ．①周… ②李… ③梁… Ⅲ．①多孔性材料 – 应用 – 二氧化碳 – 吸附 – 研究 Ⅳ．① X701.7 ② TB383

中国版本图书馆 CIP 数据核字 (2019) 第 028718 号

责任编辑	朱志安
责任校对	杨京华
责任印制	马宇晨
装帧设计	优盛文化

出　　版	中国科学技术出版社
发　　行	中国科学技术出版社发行部
地　　址	北京市海淀区中关村南大街 16 号
邮　　编	100081
发行电话	010-62173865
传　　真	010-62179148
网　　址	http://www.cspbooks.com.cn

开　　本	787mm×1092mm　1/16
字　　数	150 千字
印　　张	8
版　　次	2019 年 3 月第 1 版
印　　次	2019 年 3 月第 1 次印刷
印　　刷	定州启航印刷有限公司
书　　号	ISBN 978-7-5046-8231-4 / TB・106
定　　价	58.00 元

（凡购买本社图书，如有缺页、倒页、脱页者，本社发行部负责调换）

前言 PREFACE

CO_2 是温室气体的主要成分，随着世界经济的快速发展，温室效应对生态环境的影响越来越大，遏制碳排放成为世界各国政府的共识，碳捕集和再利用的新技术和新材料是减少 CO_2 排放的重要研究课题。

金属有机骨架（Metal Organic Frameworks, MOFs）材料是一类拥有独特性能的新型多孔材料，因具有超大的比表面积、发达的孔隙结构、孔径尺寸可调等优点，使其在气体吸附分离方面有巨大的应用潜力。利用 MOFs 材料对 CO_2 进行捕集和分离受到了各国研究者的广泛关注。此外，硅基介孔材料改性成的固态胺吸附剂由于具有高吸收性能和高选择性、使用方便等特点，在捕集 CO_2 领域也被广为关注。这其中包括对硅基介孔材料的形貌进行重新设计、对孔道结构进行调整等，以研究形貌结构对吸附性能的影响，优化 CO_2 在孔道内的扩散。

本书由周凌云、李涵、梁方方著，在出版过程中得到河南省科技厅科技攻关项目"固载离子液体硅基介孔材料捕集 CO_2 研究"（No162102310418）及"河南省高等学校青年骨干教师培养计划"资助，在此表示衷心感谢。

本书结合科研实践和工作经验，内容翔实具体，条理逻辑清晰，有较强的应用性。著者针对目前碳捕集领域存在的问题，开发具有高的 CO_2 捕集能力、高选择性、高吸脱附动力学的 CO_2 捕集新型胺功能化介孔材料。取得如下成果：

（1）采用溶剂热法将乙二胺（Ethylenediamine, ED）接枝 MIL-101(Cr)，合成了一种新型的吸附剂 MIL-101-ED，并对其进行了 XRD、N_2 吸附-脱附、红外等表征。在 298 K 及 1.01×10^5 Pa 条件下，测定了改性材料对 CO_2 的吸附性能及 CO_2/N_2 吸附选择性，研究了 ED 接枝量及温度对材料结构、形貌和 CO_2 吸附性能的影响。结果表明，ED 改性的 MIL-101（Cr）材料在常温常压下对 CO_2 的吸附量可达 2.43 mmol/g，比改性前提高了 14.6%，CO_2/N_2 的吸附分离系数从 11 提高至 17，比改性前提高了 55.6%。改性材料经 80℃真空加热可完全脱附再生，具有良好的再生稳定性。通过联用合成前和合成后改性的氨基功能化方法，首先掺杂不同量的 2-氨基对苯二甲酸配体来合成 MIL-101（Cr），得到了一系列不同配体掺杂量的改性材料 NH_2-MIL-101，利用 XRD、N_2 吸附-脱附实验对其结构进行了表征。在 298 K 及 1.01×10^5 Pa 条件下测定材料对 CO_2 吸附等温线及单位比表面积对 CO_2 的吸附等温线。结果表明，当 2-氨基对苯二甲酸配体的掺杂量为 75% 时，NH_2-MIL-101 对 CO_2 吸附量及单位比表面积对 CO_2 的吸附量都相对较大。

（2）将三种氨基酸功能离子液体分散固载到介孔氧化硅材料 SBA-15 上用来吸收 CO_2。SBA-15 的大比表面积和独特的孔道结构，大大提高了氨基酸离子液体对 CO_2 的吸收能力。被充分分散的离子液体不再是堆积在一起，而是被分别隔离至 SBA-15 独立的各个孔道表面，使得胺基基团与 CO_2 按照 1∶1 的摩尔当量比反应生成氨基甲酸，从而达到了 0.91 mol CO_2 mol IL 的吸收量。除此之外，CO_2 吸收能力可以通过调节氨基酸离子液体的负载量和吸收温度而得到优化。而且，吸收的 CO_2 可以通过真空加热的解吸方式得到完全释放。分散到 SBA-15 上的氨基酸离子液体在五次吸收-解吸的循环过程中性能稳定。这项研究提供了一种与固体纳米多孔材料联用使得氨基功能化离子液体等摩尔吸收 CO_2 的新方法，再加上它的稳定性和可再生性，使得它有可能大大促进离子液体碳捕集技术在工业上的实际应用。

（3）为了增强对 CO_2 的吸附能力，研究人员制备了具有大孔径和短孔道行程的层状 SBA-15，并用具有不同个数胺基基团的氨基硅烷试剂（mono-，di- 和 tri- 氨基硅烷）与其进行硅烷化反应接枝胺基。深入分析了吸附剂载体的结构对胺负载量、CO_2 吸附能力和 CO_2/N_2 选择性的影响。结果表明，相比于传统的 SBA-15，胺负载量和 CO_2 吸附能力可分别增加 66% 和 120%，对 CO_2/N_2 的选择性从 37 显著提高到 169。这种新型吸附剂对 CO_2 吸附焓达到 67 kJ·mol^{-1}，表明化学吸附起主要作用。此外，这种吸附剂可完全再生，并表现出良好的稳定性。这项研究提供了一种可以高效、可逆进行碳捕集的新材料。

介孔材料用于碳捕集的研究发展迅速，限于著者的专业水平，书中疏漏之处，恳请各位读者批评指正。

周凌云
2018 年 6 月于新乡

目 录
CONTENTS

第1章 绪 论 / 001
  1.1 研究背景 / 002
  1.2 金属有机骨架材料简介 / 011
  1.3 金属有机骨架材料在气体吸附分离及储存方面的研究概况 / 013
  1.4 硅基介孔材料 / 017

第2章 乙二胺改性 MIL-101（Cr）的合成、表征及 CO_2 吸附性能的研究 / 031
  2.1 引言 / 032
  2.2 材料的制备 / 033
  2.3 材料的表征与性能测试 / 036
  2.4 结果与讨论 / 039
  2.5 结 论 / 049

第3章 固载氨基酸离子液体介孔氧化硅材料对 CO_2 的化学吸收性能研究 / 051
  3.1 引言 / 052
  3.2 材料与方法 / 055
  3.3 结果与讨论 / 058
  3.4 小 结 / 070

第4章 大孔径和短通道层状胺功能化 SBA-15 材料高效可再生吸收 CO_2 研究 / 071
  4.1 引言 / 072
  4.2 材料与方法 / 074
  4.3 结果与讨论 / 077
  4.4 小 结 / 093

参考文献 / 095

第1章 绪 论

1.1 研究背景

1.1.1 CO_2 的主要来源及其对环境造成的影响

CO_2 在空气中的含量一般约为 0.03%（体积分数），在工业革命以前，CO_2 在大气中的含量基本上保持恒定[1]。这主要是由大气中的 CO_2 处在一种边增加、边损耗的动态平衡的机制中决定的。含碳物质的大量燃烧和动植物的新陈代谢是大气中 CO_2 的主要来源途径，散布到大气中的 CO_2 会被海洋、湖泊、河流等地面的水及空中的降水吸收溶解，植物的光合作用也会吸收一部分 CO_2 转化为有机物质贮藏起来，这便是过去 CO_2 在空气中的含量能够保持恒定的原因。

可是，近几十年，大气中 CO_2 的含量远远超过了过去的水平，这主要是由于人口数量的快速增长、工业的迅猛发展，进而导致了呼吸产生的 CO_2 及煤、石油、天然气等燃料燃烧产生的 CO_2 大大增加[2]。与此同时，森林遭到人类的乱砍滥伐，很多农田被建成了城市和工厂，植被遭到了破坏，CO_2 转化为有机物的条件减少，再加上近些年来降水量的大大减少和地表水域面积的缩小，使吸收溶解 CO_2 的条件也变少了，CO_2 生成与转化的动态平衡被破坏，就使得大气中的 CO_2 含量逐年增多。

世界气象组织在 2015 年 11 月发布的《2014 年 WMO 温室气体公报（总第 11 期）》显示，2014 年大气中 CO_2 的浓度达到了 397.7 体积浓度（ml/m³），在 2014 年春季，北半球 CO_2 浓度超过 400 ppm，创下了最高值，是工业革命前（1750 年）的 143%，且 2015 年 1 年增加的 CO_2 几乎与过去 10 年的平均数相同。2015 年春季，大气中 CO_2 的平均浓度超过这一水平。据当时估算，2016 年 CO_2 的全球年度平均浓度可能也将超过这一水平。

随着工业化进程的发展，21 世纪将会有更多的能源被消耗，美国能源信息署（EIA）2003 年预测[3]，从 2004 年到 2030 年能源需求将增加 57%，而现阶段超过 85% 的世界能源供给来自化石燃料的燃烧。据统计，2004 年人为产生的温室气体（GHG）排放量占总排放量的 77%，这其中大约 60%

约10万吨CO_2是由大型固定排放源排放的，如燃煤发电厂、天然气加工厂、水泥厂等。化石燃料发电厂排放CO_2的量大约占总排放量的40%，而其中又以燃煤发电厂为主[3]。如果短期内没有有效的方法、措施来控制温室气体的排放量，那么来自化石燃料燃烧排放的CO_2量预计将从2004年的26亿吨上升至2030年的37亿~40亿吨，将上升50%以上，甚至可能更高[4]。

CO_2作为一种主要的温室气体，其过量排放，将引发温室效应、全球气候变暖、冰川融化、海平面升高等一系列威胁人类生存的环境问题。同时，也将严重破坏人类的生存环境和生态平衡，并限制社会经济的发展。与臭氧、甲烷、氧化亚氮等其他温室气体相比，CO_2对温室效应的贡献可达55%以上[5]。因此，控制CO_2的排放量，积极应对气候变化是全球各国的共同奋斗目标和责任。

1.1.2 二氧化碳捕集的意义与方法

一直以来，温室效应和全球气候变暖都是国际上密切关注的问题。为了对气候变化的现状、气候的变化对社会、经济的潜在影响以及怎样适应和减慢气候变化的应对策略进行评估，联合国政府间气候变化专门委员会（IPCC）于1988年成立。1992年6月，联合国环境与发展大会在巴西里约热内卢召开，会议通过并签署了联合国《气候变化框架公约》。1997年12月，各国领导人在日本京都通过了具有重大意义的《联合国气候变化框架公约的京都议定书》，即《京都议定书》，该公约的主要目标是在将大气中的温室气体含量保持在一个适当的水平，防止气候变化过于剧烈从而对人类造成严重伤害。尽管有很多其他不确定的因素也是导致全球气候变暖等问题的原因，但是对CO_2气体实施减排战略对于控制全球的气候变化来说，是一项最根本的方案。

虽然减少CO_2排放量的最好途径是针对排放源将以碳燃料为主的能源体系转变为清洁可以循环利用的能源体系，如氢能和太阳能，但是对于目前的形势而言，这种转变仍将需要很长的一段过渡时期，所以，控制由人类活动排放出的CO_2显得特别重要[6]。CO_2本身既是一种温室气体，同时也是一种安全无毒可广泛利用的廉价碳资源，可作为重要的化工原料用于尿素[7]、环状碳酸酯[8]、纯碱等化工产品的生产中，还可以广泛地应用于食品、医药、制造干冰、灭火剂、环保等领域[9]。

应对气候变化和全球变暖问题的一种最直接有效的策略是碳捕集和固存（Carbon Capture and Storage, CCS）技术[10]。这种技术是一种综合性技术，捕集化石燃料燃烧产生的CO_2，后运送到特定地方进行长时间封存，主要应用在燃煤发电厂燃烧后烟道气中的CO_2的捕集。烟道气在进行脱水汽、脱硫后，温度通常为中低温，压力为常压，再通过对CO_2进行分离、浓缩、纯化后，最终达到运输和封存要求。目前，从混合气体中捕集分离CO_2的方法主要有：溶剂吸收法[11, 12]、吸附法[13, 14]、膜分离法[15, 16]及深冷分离法等。

1.1.2.1 溶剂吸收法

在化工生产过程中，溶剂吸收法作为一种较为常见和应用较为成熟的混合气体分离手段[17]，广泛地使用在合成氨厂脱碳工艺中。依据气体与吸收溶剂之间作用机理的不同，溶剂吸收法被分为物理吸收法和化学吸收法两种。通过使用对CO_2溶解度大且性能稳定的有机溶剂来吸收CO_2，并且两者不发生化学反应的方法为物理吸收法。利用与CO_2发生化学反应的吸收剂，且两者可以生成一种中间体化合物，再通过改变条件将CO_2解析释放出来，从而使吸收溶剂得以再生的方法是化学吸收法。

1. 物理吸收法

物理吸收法是在加压或降温条件下利用有机溶剂对CO_2具有较大的溶解度来实现CO_2的脱除分离的，在吸收溶剂和CO_2之间不会发生化学反应，通过降压或升温可以实现溶剂的再生，整个过程消耗的能量都比较低，适用于CO_2分压和浓度相对较高的情况。寻找优良的吸附剂是本方法的关键之处[18]，所选吸附剂必须具备以下性能：对CO_2的溶解能力强、选择性较高、溶液蒸气压低、性能较稳定、沸点较高、无腐蚀以及无毒等。物理吸收法中较为常见的吸附剂有：甲醇、乙醇、聚乙二醇、丙烯酸酯、N-甲基-2-D-吡咯烷酮及哆吩烷等高沸点有机溶剂。

目前，工业上常用的物理吸收分离CO_2的方法有低温Rectisol法（甲醇法）、Selexol法（聚乙二醇二甲醚法）、Flour法（碳酸丙烯酯法）、Sulfinol法（环丁砜法）和Purisol法（N-甲基吡咯烷酮法）等。总的来说，物理吸收法的主要优点是吸收过程在低温高压下进行，吸收溶剂用量少，

对 CO_2 的吸收量高，吸收剂再生能耗低，且溶剂对设备无腐蚀。但是，物理吸收分离法对 CO_2 的去除率比较低，并且只适用于 CO_2 分压和浓度较高的气体。

2. 化学吸收法

利用 CO_2 与吸收剂发生酸碱中和反应来实现对 CO_2 的去除与分离的方法是化学吸收法，原料气和溶剂在吸收塔内发生化学反应，直接影响吸收剂对 CO_2 的吸收的因素是吸收过程中的化学平衡和气液两相平衡，首先被吸收溶剂会吸收 CO_2 形成富液，然后富液再进入解吸塔内通过加热分解出 CO_2，使吸收剂获得再生，吸收过程与解吸过程两者之间交替进行，从而可以实现对 CO_2 的回收分离。对化学吸收法来说，其关键在于控制好吸收塔和解吸塔的温度[18]。化学吸收剂应具备以下特点：对 CO_2 具有较高的选择性、黏度低、不易挥发、不易燃、腐蚀性小、毒性小、能避免在气体中引入新的杂质。常用的吸附剂有热碱溶液、单乙醇胺（MEA）、碳酸钾、氨水等，为避免腐蚀，吸收剂的浓度通常不超过50%。

工业上较为常用的化学吸收法是醇胺法。醇胺法适用于较低或中等分压的烟道气[19]，常用的吸收剂为胺的水溶液，如单乙醇胺（MEA）、二乙醇胺（DEA）、三乙醇胺（TEA）、N-甲基二乙醇胺（MDEA）和二甘醇胺（DGA）、2-氨基-2-甲基-1-丙醇（AMP）。其中 MEA 对酸性气体的吸收较强，反应快，对捕集燃烧后烟气中低浓度的 CO_2 具有优势，因此也是被研究和应用的主要技术，而 MDEA 因具有较高的吸收能力、不腐蚀设备和较低的反应热而备受重视，但 MDEA 与 CO_2 的反应速度较慢，限制了其应用。

采用混合胺捕集 CO_2 的设想引起了研究者们的关注，通过混合 MDEA 和 MEA，使 MEA 的高反应速率与 MDEA 的低能耗和高吸收能力结合，达到增加 CO_2 吸收量、降低成本的目的，从而使吸附剂的性能和 CO_2 的处理效果得以改善。混合胺捕集 CO_2 是目前国内很多研究者的研究课题。虽然醇胺法捕集 CO_2 具有选择性高、技术成熟、处理量大等优点，但同时也存在溶剂损失、再生能耗大、对设备腐蚀较为严重的问题[20]。寻找能够高效吸收 CO_2 的有机胺吸收溶剂或者混合胺吸收溶剂，是当前科学研究者研究的热点[21-23]。

1.1.2.2 吸附法

吸附是指当多孔固体与流体互相接触时，流体中的某一个组分或者多个组分在固体表面发生蓄积的现象，吸附还可以指固体物质周围的液体或气体中的分子或离子吸在其表面的现象，起吸附作用的物质被称为吸附剂，而被吸附的物质则称为吸附质。吸附法也可以分为物理吸附和化学吸附两种方式，吸附质分子与吸附剂间以范德华力为主的是物理吸附，吸附质分子与吸附剂间以化学键的作用为主的是化学吸附。

吸附法分离CO_2就是利用了固态物质，如活性炭、活性氧化铝、天然沸石、硅胶及分子筛、金属有机骨架材料等，对混合气体中的CO_2进行可逆的有选择性的吸附分离。吸附剂的表面特性如孔径、孔容、极性大小等是决定其对CO_2吸附量大小的一个重要因素。根据吸附剂再生操作方式的不同，可以将吸附法分为变压吸附法（PSA）和变温吸附法（TSA）。由于变温吸附法吸附剂再生所需要的时间比变压吸附法长，能耗也比较大，因此，工业上应用较为普遍的是变压吸附分离法。变压吸附法通常在高压下对CO_2进行吸附，在常压或真空状态下将CO_2解吸出来，通过周期性的压力变化，实现CO_2的分离回收。变压吸附法具有能耗低、设备工艺简单、吸附剂循环使用时间长、易于自动化等优点。

采用吸附法高效分离CO_2已有大量的相关研究报道，Siriwardane等[24]研究对比了在25℃压强升至2×10^6 Pa的条件下，CO_2、N_2、H_2分别在分子筛13X、分子筛4Å和活性炭上的吸附量。结果表明，在25℃压强为2×10^6 Pa的条件下，分子筛13X、分子筛4Å和活性炭对CO_2的吸附容量分别为：8.5 mmol/g、5.2 mmol/g和4.8 mmol/g。Zhang等[25]测定了在298 K、308 K、318 K和328 K，0～30 bar条件下金属有机骨架材料MIL-101（Cr）对CO_2的吸附等温线及吸附动力学曲线，结果发现，在298 K和30 bar时，MIL-101对CO_2的吸附量高达22.9 mmol/g，CO_2在MIL-101的吸附热为4.0～28.6 kJ/mol。Mello等[26]为了提高在低压条件下硅基介孔材料MCM-41对CO_2的吸附量，对MCM-41进行了氨基改性，在低压下，改性材料NH_2-MCM-41与未改性材料相比对CO_2的吸附量有较大的提高，吸附热也从改性前的32 kJ/mol提高到了98 kJ/mol，说明材料改性后对CO_2的化学吸附作用增强。目前，大多数吸附材料虽然在高压下对CO_2的吸附量较高，

但在常压下对 CO_2 的吸附量通常都比较低，而实际应用中往往需要材料能够在常压下高效地吸附 CO_2，因此，开发研究可在常压下高效捕集 CO_2 的吸附材料具有重要意义。

1.1.2.3 膜分离法

气体膜分离法是当前发展较为迅速的一种 CO_2 分离技术。膜分离法的基本原理是利用存在于膜两侧的压力差，在原料混合气中渗透率高的气体以相对较快的速率透过薄膜，形成渗透气流，渗透率相对较低的气体则在进气侧形成残留气流，将两侧的气流分别引出，从而达到分离的目的。该方法主要应用于天然气中酸性气体的去除、强化采油过程中 CO_2 的回收及生物发酵气体的精制。

在分离 CO_2 方面应用较多的膜材料一般包括四大类：无机膜、聚合物膜、复合膜以及促进传递膜。一般常见的无机膜主要有四种：陶瓷膜、沸石膜、玻璃膜和金属膜（含碳）。玻璃态聚合物、橡胶态聚合物和乙炔聚合物等属于聚合物膜。相对来说，无机膜虽然具有耐腐蚀、耐高温的性质，但是较高的成本限制了其大面积推广使用；聚合物膜在遇到强腐蚀环境和温度较高的环境（如发电厂烟道气）时，就没办法较长时间正常运行，因此，科研人员开发出了复合膜材料，也就是聚合物基纳米复合膜；复合膜是为了提高膜的分离性能，在有机高分子膜例如纳米级二氧化硅、沸石和碳纳米管等的内部引入纳米级的无机材料；促进传递膜一般包括三类：离子交换膜、液膜和固定载体膜，具有很高的透过速率和选择性。

膜分离技术与其他的 CO_2 分离技术相比，具有如下优势：结构简单、操作方便、投资少、占地面积小、利于环境保护[27]等优点，但是在燃煤电厂烟道气中低浓度 CO_2 分离方面，由于膜材料的分离纯度不高、选择性低，难以得到高纯度的 CO_2，而且烟道气流速很大，处理这类气体就需要具有很大面积的膜，实际上反而增加了碳捕集的成本。此外，膜分离法还需要巨大、昂贵且耗能的压缩设备，这也限制了其实际应用。

1.1.2.4 深冷分离法

为达到从烟气中分离 CO_2 的目的，深冷分离法通过在低温下冷凝来分

离 CO_2，它的原理一般是为了引起 CO_2 的相变，通常会将烟气经很多次压缩、冷却。该方法的优点是能够直接产生液态的 CO_2，便于对 CO_2 进行特殊运输，但也存在一些缺点，如冷却时能耗比较大；为了防止堵塞情况的发生，在冷却气流前还需要除去一些组分，比如水。因其产生的 CO_2 为高纯液态形式，对于管道输送来说比较方便，使得该方法在未来的 O_2/CO_2 烟气循环系统或整体煤气化联合循环（IGCC）中很有应用前景。

1.1.3 二氧化碳吸附材料概述

近年来，吸附法因其能耗低、工艺流程简单、产品纯度高及便于自动化操作等优点而备受关注[28]，但在捕集 CO_2 方面，吸附法也存在一些不足，如吸附剂对 CO_2 的吸附容量和吸附分离选择性都有待提高，吸附捕集过程的运行花费较大等。这也是当前研究需要解决的主要问题。传统的吸附材料有碳基吸附剂、沸石类吸附剂、硅胶、金属氧化物及其他材料，而目前国内外研究的较为热点的 CO_2 吸附新型材料有化学或物理改性的介孔材料、离子液体（Ionic Liquids, ILs）、金属有机骨架（Metal Organic Frameworks, MOFs）材料及其氨基功能化修饰材料。

碳基吸附剂包括活性炭材料、碳纳米管（CNTs）、石墨烯、碳分子筛（CMSs）。碳基吸附剂具有吸附速度快、成本低、再生能耗低等优点，同时也具有选择性差、高温时吸附量低的缺点。通常对其采取的改进方法是添加某种官能团，如：Przepiorski 等[29]用氨水处理活性炭后，活性炭在高温下（大于200℃）对 CO_2 的吸附量有明显的提高，400℃时的吸附量可达1.73 mmol/g，推测原因主要是由于含氮官能团的引入造成的。叶青等[30]采用浸渍法将 TETA（三乙烯四胺）和 TEPA（四乙烯五胺）分别负载至碳纳米管（CNTs）上，得到一种固态胺吸附剂 CNTs-TETA 和 CNTs-TEPA，用以吸附低浓度下的 CO_2，可使 CO_2 吸附量提高至 2.5 mmol/g 和 3.17 mmol/g。

沸石分子筛是由 SiO_4 和 Al_2O_3 四面体单元形成的空间网络结构，是一类具有强极性的吸附材料，而且还具有整齐且孔径比较均匀的孔道构造。由于沸石中的阳离子能够与 CO_2 高极性四极矩产生电场作用，因而沸石分子筛是 CO_2 气体分离和纯化非常重要的吸附剂。按照分子筛骨架结构的不同，可以将其分为 A、X、Y、HSiv 型以及 ZSM 系列等，在 CO_2 吸附方面应用较多的沸石分子筛是 A、X、Y 型分子筛。影响沸石类吸附剂分离气体的因素有阳离子种类、框架结构及其组成、分子大小及分子极性等。沸石类吸附剂分离CO_2的优势主要是吸附速度快，可快速达到平衡吸附量；它的劣势是分离CO_2时受温度压力影响比较大，水的存在会产生不利影响。通常的改进方法是用碱金属或碱土金属置换沸石上的阳离子来微调其孔径和吸附特性。Fisher等[31]研究发现，天然沸石中Na的含量越高且其比表面积越大时，对CO_2的吸附量就越大，吸附速度也越快。Harlick等[32]也发现，硅铝比越低，CO_2吸附量越大。可能是低的硅铝比导致Na的阳离子形成的电场与CO_2产生了强烈的作用。

硅胶是一种具有丰富的孔结构和大比表面积的多孔材料。它的分子式是$mSiO_2 \cdot H_2O$，其孔径通常在2～20nm之间，是一种常用的含羟基的极性吸附剂。CO_2可以与硅胶表面的羟基形成氢键从而被吸附。硅胶不适合作为高温吸附剂，因为升温会导致其对CO_2的吸附性能和选择性能大幅度下降。由于硅胶的吸水性和吸附热都很大，因此也并不适用于CO_2吸附和脱附。

CO_2作为一种酸性气体，较易与显碱性的氧化物发生吸附作用，例如碱性的金属氧化物Na_2O和K_2O等，以及碱土氧化物CaO、MgO和Al_2O_3等，这些碱性氧化物比较适合在高温下（300℃以上）对CO_2进行吸附，而且有较好的吸附性能，对CO_2依然能保持比较高的吸附量[33]，目前在高温条件下有关这方面的研究多集中在MgO和CaO，而有关其他金属氧化物吸附CO_2的研究并不多。由于金属氧化物类吸附剂属于高温吸附剂，因此这些吸附剂的再生温度通常也比较高，再生比较困难。

其他传统的用于吸附CO_2的吸附材料还有类水滑石化合物和K_2CO_3、Na_2CO_3、Li_2ZrO_3、Li_4SiO_4等高温吸附剂。水滑石是自然界的镁、铝羟基碳酸化合物，类水滑石化合物是合成的将水滑石中的Mg^{2+}、Al^{3+}换为其他离子合成得到的化合物。通常类水滑石化合物吸附CO_2的量比较低，而高温吸附剂材料的合成温度较高且CO_2吸附速率较低。

利用化学或物理改性的介孔材料吸附CO_2是国内外研究较热门的课题之一。介孔材料的孔道结构通常是比较规则和有序的，其孔径在2～50nm之间，可对其孔径分布进行调控，有较高的水热稳定性。一般可以分为硅基和非硅基两种介孔材料。硅基介孔材料包括M41S系列、HMS系列、MSU系列、SBA系列、FDU系列、ZSM系列、含杂原子的硅基介孔分子筛，一般是硅铝酸盐和硅酸盐，在气体的吸附分离、催化剂载体和有机大分子分离等方面应用较多。1998年，Zhao等[34]首次合成有序介孔SBA-15分子筛，它具有较大的比表面积和水热稳定性，且孔道可控制，是介孔材料合成的一个里程碑。为了增加材料对CO_2的吸附量和选择性，通常利用胺基对硅基介孔材料进行功能化改性。一般常用的胺基功能化改性硅介孔材料的合成方法包括：①浸渍法：通过物理浸渍的方式将含有氨基的有机物吸附负载到被改性材料的表面。②接枝法：利用介孔硅载体孔道表面的Si—OH基团与含胺基硅烷发生化学反应制备，即通过化学键将胺基连接到材料上。

离子液体（ILs）也是近年来研究较多的捕集CO_2的新型材料。ILs包括常规型、功能化型、支撑离子液体膜、聚合型、离子液体与有机溶剂混合型等。采用ILs捕集CO_2的优势主要是：在室温下蒸汽的压力较低、液体的温度范围比较宽、有很强的热稳定性、不易燃烧、溶解性能好、电化学窗口很宽、阴阳离子具有良好的可调谐性等。

近十年来，金属有机骨架（MOFs）材料发展迅速，作为一种配位聚合物，MOFs材料一般是以金属离子或离子团簇为连接点，有机配体作为支撑形成的具有空间3D延伸的孔结构，是除碳纳米管和沸石外又一类重要的新型多孔材料。在催化、气体分离和储存等领域都有广泛应用。MOFs材料领域的代表性人物及材料分别是：美国加州大学伯克利分校Yaghi制备的IRMOF和ZIF系列[35, 36]；法国凡尔赛大学Ferey制备的MIL系列[37, 38]；日本京都大学Kitagawa合成的CPL系列[39]。MOFs材料用于CO_2捕集的优势主要表现为：具有超高的比表面积和孔隙率、可调的孔尺寸和功能结构、一定的热稳定性、高压时对CO_2吸附量高等。当然MOFs材料也存在一些不足，如常压时对CO_2吸附量低、选择性也比较差。通常采取的改进方法为：对其进行表面氨基功能化改性、掺杂含氨基配体、增加材料表面的不饱和金属位等。Arstad等[40]将胺负载到三种不同的MOFs材料上，在室温一个大气压条件下对CO_2吸附量最高可达到3.18 mmol/g；Couck等[41]采用2-氨基对苯二甲酸替代原来的配体改性MIL-53，在一个大气压条件下吸附分离CO_2/CH_4，改性材料对CO_2/CH_4分离选择性系数接近无穷大。

1.2 金属有机骨架材料简介

1.2.1 MOFs 材料的特点与分类

20 世纪 90 年代初期开始，金属有机骨架化合物逐渐引起了人们的注意。它是由多齿有机配体与金属离子或金属离子团簇通过共价键或离子-共价键自组装形成的具有周期性网状结构的多孔材料[42, 43]。Robson 和 Yaghi[44, 45]等人在其早期的工作中就曾指出，金属有机骨架化合物的结构丰富，通过选择不同的金属元素与近乎无数种配体进行搭配，能够形成结构、磁学性质、电学性质、光学性质和催化性质各不相同的材料。MOFs 材料具有以下特点：骨架结构多样性、高孔隙率、大比表面积、有不饱和金属配位、可以后修饰处理、结构和孔径可调等。

按照 MOFs 材料配体的类型，可将其分为含羧酸配体、含氮杂环配体、混合配体 MOFs 材料等；按照 MOFs 材料功能的特征，可将其分为发光、磁性、导电 MOFs 材料等。

1.2.2 MOFs 材料的合成方法

MOFs 材料的合成过程与有机物的聚合反应相类似，一般在不超过 250 ℃ 的温度和一定的压力条件下，由一定配比的金属盐和有机配体通过水热或溶剂热发生自组装反应而形成的。目前为止，文献中报道过的 MOFs 材料的合成方法主要有水热法、溶剂热法、分层扩散法、搅拌合成法、微波法和离子热法[46]。

采用不同的合成方法对材料的性能影响还是很大的，而且反应物的配比、溶剂的选择以及温度、时间、pH 值对晶体的结构和质量的影响也是非常重要的。除此之外，影响产物的形成过程的一个重要因素是反应中能量的获取方式，一般常用电加热方式，另外还有其他方式，比如利用电磁辐射、机械球磨、超声波、电场等。关于 MOFs 材料的合成已经有很多的研究报道[47,48]，采用不同的合成方法一般会合成出大小不相同、形貌不相同，甚至结构也不相同的产物，而这些不同的方法往往在很大程度上将决定产物的性质和性能。例如，对于多孔材料来说，不同大小的颗粒会影响客体分子在其中的扩散速率，进而直接影响其气体分子的吸附分离效果或者催化反应。MOFs材料的典型合成过程是由金属离子或金属离子簇（也称二级构筑单元）与多齿有机配体通过配位键形成一维、二维或三维的无限网络结构。

1.2.3 MOFs材料的应用

从发现MOFs材料以来，人们就热衷于对它的一些潜在的应用进行研究，除了广受关注的气体吸附[49-51]以外，MOFs材料在催化[52]、药物运输[53]、荧光传感[54]、水处理[55]、有害物质吸附[56]以及膜分离[57,58]等方面都有巨大的潜在用途。

1.3 金属有机骨架材料在气体吸附分离及储存方面的研究概况

近年来,国内外研究学者在 MOFs 材料领域不断突破并取得了许多引人注目的成果,MOFs 材料的设计、合成及对其功能化修饰的研究和应用成为了当前的研究热点。MOFs 材料凭借其自身所具有的独特的优良性能,在气体吸附分离及储存、催化等方面受到了广泛的关注和研究。MOFs 材料在气体的吸附与分离方面的应用是本课题的研究重点。

1.3.1 MOFs 材料在 CO_2 吸附分离方面的研究

CO_2 作为主要的温室气体之一,其过量排放受到了各国政府和研究人员的广泛关注,经济高效的 CCS 技术成为了当前十分重要的研究课题。MOFs 材料作为一种新型的多孔材料,具有超高的比表面积、较大的孔体积以及与 CO_2 之间较强的主客体相互作用力,使得 MOFs 材料对 CO_2 的吸附能力高于其他多孔材料,而且 MOFs 材料还可以对构成自身的金属离子和有机配体进行设计使其对 CO_2 的亲和力更强,因而在 CO_2 捕集方面具有巨大的应用潜力。

研究学者[50]在 298 K 条件下系统地研究了多种 MOFs 材料对 CO_2 的吸附情况,发现与传统的多孔材料相比,如 NaX、活性炭等,无论在低压还是高压下,这些 MOFs 材料对 CO_2 的吸附量均比较高。其中,Mg-MOF-74 因含有高密度的不饱和金属位点而具有较高的 CO_2 吸附热,在 0.01 MPa 下对 CO_2 的吸附量可以高达 5.95 mmol/g,在所研究材料中是最高的。而 MOF-177 因具有较高比表面积和孔体积,在 3.5 MPa 下对 CO_2 的饱和吸附量可以高达 33.7 mmol/g,在所研究材料中具有最高的饱和吸附量。因此可以看出,MOFs 材料是一种十分优良的 CO_2 吸附材料。

为了增强 MOFs 材料对 CO_2 吸附和分离性能,研究者们采取了很多种方法,比如设计合成具有更高比表面积和孔体积的 MOFs 材料,采用离子交换方法[59, 60],在 MOFs 材料孔道上引入氨基[61],引入烷基胺[62],增加不饱和金属位点[63]，利用吸附在不饱和金属位点上的水分子等，除此之外，还可以将某些与 CO_2 之间具有强的相互作用极性基团引入 MOFs 材料孔道中来，如 $-NH_2$、$-NO_2$、$-OH$、$-SO_3$ 等。总的来看，这些方法都是通过以下某个方面来提高材料对 CO_2 的吸附性能的：第一，减小材料的孔径；第二，使材料骨架与 CO_2 间的偶极与偶极之间的相互作用力变强；第三，增强引入的功能基团与 CO_2 的相互作用力；第四，增加 CO_2 的吸附位点。

Zaworotko 等[59]将卟啉作为结构导向剂，合成出了孔道中含有卟啉的 MOFs 多孔材料 porph-MOFs，之后又用一系列金属离子 Ba^{2+}、Cd^{2+}、Mn^{2+} 等与 MOFs 材料分别进行离子交换，使材料的 CO_2 吸附焓和 CO_2/CH_4 分离系数分别提高了 36% 和 42%。与其情况类似，Rosi 等[60]选取了 Bio-MOF-1 作为研究对象，其骨架带有负电荷，分别将分子大小不同的四甲基铵离子，四乙基铵离子及四丁基铵离子与孔道中的二甲基铵离子进行阳离子交换，材料经过处理后的比表面积和孔体积都有不同程度的降低，但 CO_2 吸附量却都有所提高，在 313 K 和 0.1 MPa 条件下，材料对 CO_2 的吸附量由 1.25 mmol/g 提高到最高 1.66 mmol/g，研究者认为这是由于离子交换导致材料的孔径变小，从而增强了 CO_2 与材料孔道的相互作用力。

Llewellyn 等[64, 65]的研究 MIL-100（Cr）对 CO_2 的吸附行为发现，预先吸附有少量水蒸气的 MIL-100（Cr），其对 CO_2 的吸附量反而会成倍增加，分析原因主要是由于水分子吸附在骨架上的不饱和金属位点后，可以为 CO_2 提供更强的吸附位点。Zhong[66]等研究小组使用不同量 Li 对 MOF-5 进行了物理掺杂和化学掺杂两种改性方式，并通过理论计算了两种不同的金属掺杂方式对 MOF-5 的 CO_2/CH_4 分离效果的影响，结果发现掺杂金属 Li 后的材料其 CO_2/CH_4 的分离系数有所提高，且掺杂量相对越高效果越好。分析原因为：材料掺杂金属 Li 后，静电势分布发生改变，又因为 CO_2 具有四极矩而 CH_4 不具有，因此材料掺杂 Li 后，骨架与 CO_2 的相互作用力增强，而对 CH_4 的作用力没有发生改变。Cao 等[67]制备了金属 Li 掺杂的 Li-$[Cu_3(BTC)_2]$ 及掺杂后与多壁碳纳米管复合的材料 Li-CNT-$[Cu_3(BTC)_2]$ 并对其进行了研究，发现材料经掺杂 Li 改性和复合改性后对 CO_2 和 CH_4 的吸附量均有较大提高。综上可以得出，MOFs 材料是一类非常有潜力的 CO_2 吸附分离材料，这些报道也对今后如何提高 MOFs 材料的 CO_2 吸附分离性能提供了很多有用的参考价值。

1.3.2 MOFs材料在H_2吸附储存方面的研究

由于能源的日益短缺、气候的异常变化以及大气污染等严重影响生存问题的发生，人类急切需要找到可以代替化石燃料的清洁能源。毫无疑问，H_2是最佳的选择之一，如何对H_2进行储存将成为我们所要面临的一大问题。按照物理吸附的理论，利用多孔材料实现对H_2的储存是较好的选择，但MOFs材料对H_2的存储能力并不与其比表面积成正比。由理论计算可以得到[68]，MOFs材料的最佳吸附孔道大小为6 Å，大约是H_2分子动力学直径的两倍。

Rosi课题组[69]于2003年研究了MOF-5对H_2的吸附性能，并在 *Science* 上进行了报道，研究发现在78 K和2 MPa条件下，MOF-5对H_2的吸附量可以达到4.5 wt.%，而在298 K和2 MPa条件下时，MOF-5对H_2的吸附量只有1 wt.%。Yaghi课题组[70]研究了MOF-177对H_2在吸附性能，发现在77 K和7 MPa条件下MOF-177对H_2的吸附量为7.5 wt.%，而在77 K和4 MPa时MOF-5[71]对H_2吸附量为5.2 wt.%，研究还发现，温度和压力的变化对H_2吸附量的大小有着较大的影响。

Matzger课题组[72]采用锌盐、并（3,2-b）噻吩-2,5-二羧酸（T^2DC）和1,3,5-三苯甲酸（H_3BTB）反应得到新型的MOFs材料UMCM-2（$Zn_4O(T^2DC)(BTB)_{4/3}$），发现在77 K和4.6 MPa的条件下，UMCM-2对H_2的吸附量高达6.9 wt.%。

1.3.3 MOFs材料在CH_4吸附储存方面的研究

MOFs材料除了在CO_2以及储氢吸附方面具有巨大的潜在应用价值以外，MOFs材料对CH_4的吸附存储也同样是当前的一个研究热点。[73]Kondo课题组[74]于1997年第一次报道了利用MOFs材料可以对CH_4进行吸附。Yaghi等[75]报道了MOFs材料IRMOF-6对CH_4显示出较高的存储量，在298 K和36 bar下，其对CH_4存储量可以高达6.92 mmol/g，主要有两个原因：IRMOF-6的比表面积较大以及对配体的修饰。另外，Snurr课题组[76]将MOFs材料与碳纳米管、沸石、MCM-41等传统多孔材料进行比较，结果表明，MOFs材料与传统多孔材料相比在CH_4存储方面具有明显优势。

1.3.4 MOFs材料在其他气体吸附分离方面的研究

MOFs材料在其他气体吸附分离方面的应用主要是针对工业当中对空气中O_2和N_2的分离。工业上常常采用传统的分离方法也就是低温蒸馏的方法对空气中O_2和N_2进行分离,与采用物理过程进行O_2/N_2分离相比,该过程通常对能量的消耗非常巨大,不适合大规模使用。但是,利用物理吸附过程对O_2/N_2进行分离需要克服的问题是由于两种气体的物理性质相似,较难得到合适的材料。因此,MOFs材料在这方面被作为研究对象已有些报道。文献报道[77]在低温下,PCN-13、PCN-17等MOFs材料可以对O_2/N_2进行选择性吸附。此外,有关MOFs材料可以对烷烃和芳香烃进行分离也有报道[78]。MOFs材料在环境和个人健康方面也有应用,比如利用MOFs材料吸附去除空气中挥发性有机化合物(VOCs)[79]。

1.4 硅基介孔材料

根据国际纯粹与应用化学联合会（IUPAC）的定义，多孔材料可以分为微孔材料（$d_p < 2\text{nm}$，d_p孔径）、介孔材料（$2\text{nm} < d_p < 50\text{nm}$）和大孔材料（$d_p > 50\text{nm}$）。其中介孔材料由于具有较高的比表面积和孔容，孔道结构有序且可调受到众多研究领域的青睐。特别是硅基介孔材料的孔道表面上有大量硅羟基基团（Si-OH），可以作为活性位点与某些有机分子发生反应而将一些功能化基团以化学键的方式固定到孔道表面，从而发挥出独特的作用。

硅基介孔材料通常是利用有机分子（如表面活性剂）作为模板剂，利用无机硅源与模板界面间的协同作用或超分子自组装方式形成组装体，再通过高温煅烧或萃取除去有机物质，保留无机骨架，形成介孔结构。这类介孔硅材料如SBA-15、MCM-41、SBA-16、KIT-6等一般具有较大的比表面积和孔容，可以用来物理吸附CO_2。但大多数上述传统的物理吸附剂在较低的CO_2分压和较高的吸附温度时，表现出低的CO_2吸附量和选择性。最近，研究者们认为对这些介孔材料进行表面化学修饰，用胺基对其进行功能化改性可使其成为一类极具应用前景的碳捕集吸附剂，利用CO_2和修饰之后的碱性位点的酸碱相互作用可以大大增加改性后的吸附剂对CO_2的吸附能力和选择性。

文献中所研究的胺基改性氧化硅介孔材料可以通过合成方法的不同分为两类：①浸渍法，是用各种介孔氧化硅载体通过物理浸渍的方法将含胺有机物吸附到其表面。②接枝法，是通过含胺基硅烷与介孔氧化硅载体孔道表面的Si-OH基团反应制备，即通过化学键将胺基连接到载体上。介孔氧化硅载体改性常用的有机胺试剂的结构如图1-1所示。

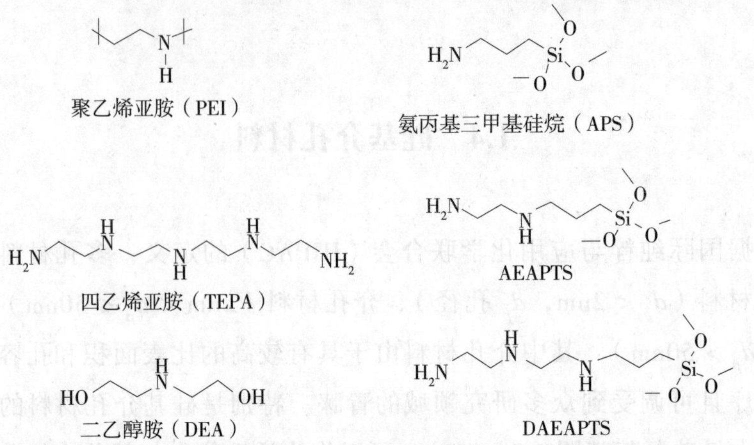

图 1-1　介孔氧化硅载体改性常用的物理浸渍所用含胺基有机物和化学键合多用胺基硅烷试剂结构示意图

1.4.1　胺浸渍功能化硅基介孔材料

Song 课题组在 2002 年第一次报道了用胺浸渍硅材料进行碳捕集的研究。他们用水热反应合成了一种具有高表面积和相对较小的直径（2.8 nm）的圆柱形孔道结构的介孔二氧化硅材料 MCM-41，并用浸渍法将 PEI（聚醚酰亚胺）固载到上面，得到了一种新的 CO_2 吸附剂，被他们形象地称为"分子笼"[80-84]。2003 年，Xu 等[82] 报道 MCM-41-PEI 吸附剂在 PEI 负载量为 75 wt.% 时，在纯 CO_2 气流下，CO_2 吸附量可达 3.02 mmol/g，最佳吸附温度为 75 ℃。一步浸渍法制备的比两步浸渍法和机械混合法制备的吸附剂表现出更高的 CO_2 吸附能力。

在研究 PEI 负载量对 CO_2 吸附能力的影响时，如预期的一样，增加 PEI 负载量可以提高 CO_2 吸附量。与具有较高胺负载量的吸附剂相比，未改性的 MCM-41 的物理吸附可以忽略不计。另外，他们认为负载的 PEI 与 MCM-41 同时用于吸附 CO_2 时存在着协同效应。负载 ~ 50 wt.%PEI 的介孔材料获得了最高的协同吸附性能。与常规吸附剂（活性炭和沸石）相反，PEI 浸渍的 MCM-41 吸附剂对 CO_2 的吸附容量随温度的升高而增加。在较低温度下吸附容量低，可能是因为控制整个吸附过程的是动力学而不是热力学，低温限制了分子的动力学传递速率从而导致低吸附量的结果。他们还提出，如果吸附时间足够长，使其可以在较低温度克服扩散限制，会比高的温度下吸附能力更高。

Song 和他的课题组[81, 83, 84]使用 MCM-41-PEI 吸附剂进行了一系列的吸附性能和稳定性的研究，并使用填充床吸附柱进行了从模拟烟气、含天然气锅炉排放烟气和模拟潮湿的烟气中分离 CO_2 的试验研究。Xu[83]对该吸附剂在 25 ~ 100℃范围内对模拟烟气（14.9%CO_2，4.25%O_2，80.85%N_2）中 CO_2 的选择吸附性能进行了测试。吸附剂表现出的 CO_2/N_2 的分离选择性 > 1000，CO_2/O_2 体系的分离选择性约为 180。循环吸附/脱附操作表明，该吸附剂稳定在 75℃ 10 次循环中性能稳定。然而，当操作温度为 > 100℃后，稳定性明显下降。而且，在研究过程中观察到 NO_x 可以与 CO_2 同时被吸附，这表明在进行 CO_2 吸附前需要对 NO_x 先进行预吸收[81, 84]。此外，从含水的天然气锅炉模拟烟道气中进行 CO_2 吸附的研究结果表明，当烟气中的水分浓度比 CO_2 低时，水分子的存在可以提高其吸附能力。其原因可能是在水分存在的条件下，PEI 和 CO_2 之间的化学相互作用过程中形成了碳酸氢根离子。

最近，Ma 和他的课题组[85]开发了负载 50 wt.%PEI 的介孔二氧化硅材料 SBA-15 吸附剂，在 75℃，CO_2 分压为 15 kPa 时，该吸附剂对 CO_2 的吸附能力可达 3.18mmol/g。这一吸附剂所表现出的 CO_2 吸附量高于先前所报道的 MCM-41-PEI 吸附剂约 50%，这可能是由于 SBA-15 具有较大的孔径和孔容，这使得对于具有同一 PEI 负载量（50 wt.%）的吸附剂来说，以 SBA-15 为载体制备的吸附剂样品具有较高的表面积而更利于吸附 CO_2。另外 Ma 和他的课题组还提出可以使用这种吸附剂进行两阶段吸附法，从气流中先后除去 CO_2 和 H_2S。试验结果证明，此吸附剂能够除去 H_2S 使其浓度小于 60 μL/m³。

Franchi 课题组[86]将仲烷醇胺浸渍在扩孔的 MCM-41 材料上（PE-MCM-41，孔径为 9.7 nm）用来吸附 CO_2。由于 PE-MCM-41 具有较大的孔径和较大的容积，可以拥有更高的胺负载量，表现出较好的 CO_2 吸附性能。这一研究结果与 Ahn 课题组[87, 88]的相一致。水分对负载 DEA 的 PE-MCM-41 吸附剂的碳捕集能力影响似乎不大。此外，浸渍 DEA 的 PE-MCM-41 吸附材料显示出良好的循环稳定性[86]。

Gargiulo 课题组[89]比较了 PEI 功能化的介孔分子筛 MCM-48 和 SBA-15 的 CO_2 吸附性能。由于孔径效应，SBA-15-PEI 表现出比 MCM-48-PEI 稍高的 CO_2 吸附能力。2008 年，Ahn 课题组[87]将 PEI（50 wt.%）负载到

一系列有序介孔二氧化硅载体上，即 MCM-41、MCM-48、SBA-15、SBA-16 和 KIT-6，并评估了它们对 CO_2 的吸附性能。与纯的 PEI 相比，所有浸渍 PEI 的吸附剂均表现出更快的吸附动力学和相当高的 CO_2 吸附能力和稳定性。CO_2 吸附能力按以下顺序排列：KIT-6（dp = 6.5nm）＞ SBA-15（dp = 5.5nm）≈ SBA-16（dp = 4.1nm）＞ MCM-48（dp = 3.1nm）＞ MCM-41（dp = 2.1nm）。从这一结果可以看出，二氧化硅材料对 CO_2 的吸附性能受孔径和孔结构的影响。当孔径增大时，PEI 更容易导入孔隙中。最近，Goeppert 课题组[90]使用不同种类的有机胺，即 PEI、MEA、DEA、TEPA、PEHA、2-氨基-2-甲基-1，3-丙二醇（AMPD）和 2-氨基乙基氨基乙醇（AEAE）等，浸渍在煅烧制备的介孔二氧化硅材料上。他们观察到，分子结构较为简单的胺如 MEA、DEA、AEAE 等不适合用来制备这种 CO_2 聚合吸附剂，因为在较高的温度时会出现胺泄漏问题。

最近，Qi 课题组[91]提出了一种新的高效捕集 CO_2 的方法，他们将 PEI 和 TEPA 负载在特别设计的中空介孔硅胶囊内。该新型复合吸附剂表现出很出色的 CO_2 捕集能力，在 1 个大气压和 75℃的条件下对不含水分的 CO_2 进行吸附试验，吸附量为 6.6mmol/g，在 75℃对含 10% CO_2 的模拟湿烟气的吸附试验中，CO_2 捕集能力可达 7.96 mmol/g。同时表现出较高的 CO_2 吸附动力学性能，在几分钟内达到 90% 的总吸附量。此外，吸附剂可在低于 100℃再生，吸附/再生循环（约 50 个循环）中，表现出良好的循环性能和稳定性。

在对胺浸渍的吸附剂进行进一步的深入研究时，还考虑到了再生的模式和吸附剂使用寿命这些性能。Drage[92]研究表明，采用纯 CO_2 变热解吸 PEI 功能化的介孔二氧化硅时，表现出良好的循环再生能力（2mmol/g）。继续进行大量的再生实验后，吸附剂的吸附能力逐渐下降。这可能是由于 135℃再生条件下，CO_2 和 PEI 之间发生二次反应，形成稳定不易分解的产物（例如尿素），这导致了吸附剂的不可逆的失活。有人建议使用蒸汽代替 CO_2 作为汽提气以克服这些问题。除了变温吸附（TSA）的再生过程，Dasgupta[93]研究了使用变压吸附（PSA）对 PEI 浸渍的 SBA-15 吸附剂进行再生实验，并建议在进行 PSA 再生时，应进行较为强烈的气压冲刷进行解吸。而 Pirngruber[94]认为，对胺浸渍的吸附剂来说，无论是常规 TSA 还是 VSA（真空变压吸附）都应该是一种可行的选择。

总之，我们认为这些新型的胺浸渍吸附剂（汇总于表 1-1）能有效吸

附 CO_2，具有相对较高的吸收能力，具有一定的工业应用前景。适当条件下，可以达到 > 4 mmol/g 的吸附量，达到工业上对固体吸附剂规定的要求，并可以通过改变载体的孔径进一步提高其吸附能力。而且，它们的吸附能力不会因水分的存在受损，反之，在许多情况下，湿气有助于获得更高的吸附容量。然而，胺浸渍的固体吸附剂的耐久性和再生动力学并未真正在烟道气条件下进行充分测试，它们的解吸动力学仍然较慢。除此之外，使用浸渍法合成的胺功能化吸附剂进行碳捕集还存有一个严重的缺点即胺泄漏问题。

表 1-1 胺浸渍硅基介孔材料对 CO_2 的吸附能力

载体	胺	胺含量（wt.%）	吸附能力（含水情况下）（mmol CO_2/g 载体）	实验条件 P_{CO_2}(atm)	T(℃)	参考文献
MCM-41	PEI	75	3.02	1	75	[80]
MCM-41	PEI	50	2.05	0.1	75	[80]
PE-MCM-41	DEA	77	2.93	0.05	25	[86]
PE-MCM-41	DEA	73	2.81（2.89）	0.05	25	[86]
MCM-41	PEI	50	（3.08）	0.13	75	[81]
MCM-41	TEPA	50	4.54	0.05	75	[95]
SBA-15	TEPA	50	3.23	0.05	75	[96]
SBA-15	DEA+TEPA	50	3.61	0.05	75	[97]
SBA-15	PEI	50	3.18	0.15	75	[85]
SBA-15	PEI	50	1.36	0.12	75	[93]
SBA-15	APTES	—	（2.01）	0.1	25	[98]
KIT-6	PEI	50	1.95	0.05	75	[87]
monolith	PEI	65	3.75	0.05	75	[88]
mesoporous silica	PEI	40	2.4	1	75	[92]
MC400/10	TEPA	83	5.57（7.93）	0.1	75	[91]

续表

载体	胺	胺含量 (wt.%)	吸附能力 (含水情况下) (mmol CO_2/g 载体)	实验条件		参考 文献
				P_{CO_2}(atm)	T(℃)	
precipitated silica	PEI[a]	67	4.55	1	100	[90]
R-IAS[b]	E-100[c]		(4.19)	0.1	25	[98]
PMMA	TEPA	41	(14.03)	0.15	70	[99]
PMMA	DBU	29	(3.0)	0.1	25	[100]
PMMA	DBU	29	(2.34)	0.1	65	[100]
PMMA (Diaion)	PEI	40	2.40 (3.53)	0.1	45	[101]
SiO_2 (CARiACT)	PEI	40	2.55 (3.65)	0.1	45	[101]
Zeolite13X	MEA	10	1.0	0.15	30	[102]
ZeoliteY60	TEPA	50	(4.27)	0.15	60	[103]
β-zeolite	TEPA	38	2.08	0.1	30	[104]

[a] PEI（分子量：800）
[b] 利用新方法进行胺功能化的吸附剂
[c] E-100：乙烯胺。

1.4.2 胺接枝功能化硅基介孔材料

许多研究小组报道了捕获 CO_2 的胺接枝有序介孔硅胶吸附剂（第 2 类）的合成与表征结果。这类胺功能化硅材料主要是以氨基硅烷为胺基团用共价键键合到二氧化硅载体上[105]。胺基团接枝到二氧化硅载体的方法有三种：合成后的接枝，利用共缩合反应直接合成，利用氨基硅烷阳离子和表面活性剂阴离子的相互作用进行阴离子模板合成[106]。载体的中孔结构可以使有机胺很好的扩散到孔隙空间，可以使 CO_2 气体分子在孔结构中具有良好的质量传递性能（孔堵塞时除外）。研究学者们将各种各样的氨基硅烷接枝到多孔二氧化硅载体的孔道表面，以便考查胺类型和胺负载量对这类

复合吸附剂 CO_2 吸附性能的影响。

Leal 等[107]第一次报道了表面接枝 APTES 的硅胶对 CO_2 的化学吸附行为。他们证实，CO_2 分子可以与两个表面胺基基团发生化学反应，在没有 H_2O 时生成氨基甲酸盐，在存在 H_2O 的情况下生成碳酸氢铵。然而，它们的吸附能力远低于工业应用对吸附剂的要求。随后，Chaffee 课题组[108-112]制备了一系列胺基功能化（接枝）的六方介孔氧化硅（HMS）材料并对其进行了表征。由于它们的高孔隙度，大大提高了对 CO_2 的吸附量。Delaney 等[108]使用 3-氨基丙基三甲氧基硅烷（APTS）、氨乙基氨丙基-三甲氧基硅烷（AEAPTS）、3-[2-（2-氨基乙基氨基）乙基氨基]丙基-三甲氧基硅烷（DAEAPTS）、乙羟基-氨基丙基-三甲氧基硅烷（EHAPTS）和二乙羟基-氨基丙基-三甲氧基硅烷（DEHAPTS）接枝在六方介孔氧化硅材料上，合成了一系列吸附剂。不同浓度的胺基团和表面羟基硅烷化反应以后，改性以后的二氧化硅载体仍然具有非常大的表面积。Leal 等[107]所报道的改性硅胶，改性后的 HMS 吸附剂对 CO_2 的吸附量更大，并且吸附可逆。对于 HMS-APTS、HMS-AEAPTS 和 HMS-DAEAPTS 吸附剂，每摩尔可利用氮原子与吸附的 CO_2 分子的比例为约为 0.5，这与氨基甲酸酯的生成机理一致。对于 HMS-DEHAPTS，这个比例为约为 1.0，因为叔胺不能形成稳定的氨基甲酸酯。

基于对不同的介孔二氧化硅载体及其胺功能化的混合吸附剂吸附 CO_2 的研究结果，Chaffee 课题组[109-112]指出，载体的表面功能化程度依赖于载体的形貌（如可用比表面积、孔的几何形状以及孔容等），反应试剂在载体里面的分散程度，以及载体的表面羟基密度。其结果表明，在吸附剂表面固载上更高的氮含量，可以导致更高的 CO_2 容量。这种杂化材料具有良好的吸附动力学，在 4min 之内即可达到平衡，对干燥的 90%CO_2/10%Ar 混合气中的 CO_2 的吸附量达到 1.66mmol/g [109]，最佳温度为 20℃。

作为 APTS 和 AEAPTS 功能化 HMS 研究工作的延伸，Knowles 等[112]继续探讨了长侧链和用来键合的 N 原子数量的影响，评估了 DAEAPTS 功能化的 HMS 材料的各项性能，以达到更高的 CO_2 的能力。该样品在 20℃具有最佳的 CO_2 吸附性能，CO_2 吸附量为 1.2 mmol/g，要少于 APTS 和 AEAPTS 功能化 HMS 对 CO_2 的吸附量（1.6 mmol/g）[110]。与 APTS 和 AEAPTS 功能化硅胶吸附剂相比，DAEAPTS 功能化吸附剂表现出更高的 CO_2 吸附能力，但胺效率较低。这种现象被认为是由于介孔内长烃链和附近胺基团的缠结降低了流动性，导致 CO_2 与表面结合的胺基的可访问性降低而导致的。所有功能化 HMS 吸附剂，在纯 N_2 和含有少量氧化（2%）的 N_2 气流中，在高达 170℃ 的温度范围内都具有热稳定性，并且显示对 N_2 和 O_2 没有亲和力。然而，DAEAPTS 功能化吸附剂在一个高度氧化的气流中会有降解现象产生。

Liang 等[113]用类似阶梯式的逐步聚合反应方案[114]合成了一系列三聚氰胺基的树枝状聚合物的官能化 SBA-15，结果发现，与氨丙基修饰的 SBA-15 相比，官能化的 SBA-15 树枝状聚合物的 CO_2 吸附量没有任何改进。

Hiyoshi 等[115,116]的研究结果证明了氨基硅烷改性的介孔二氧化硅材料具有从含有水分的气体流中分离 CO_2 的潜在应用性能（表1-2）。吸附剂的表征表明，接枝以后吸附剂的表面积和孔容显著下降。在其随后的研究中[116]，他们发现 SBA-15 在沸水中煮 2h 以后再进行氨基硅烷的接枝反应，可以促进 DAEAPTS-SBA-15 对 CO_2 吸附。在相同的实验条件下进行不存在水蒸气和存在水蒸气的吸附试验，对 CO_2 吸附量分别可达到 1.58mmol/g 和 1.80 mmol/g。在具有相同的表面胺基基团密度情况下，胺效率按照以下顺序排列：APTS > AEAPTS > DAEAPTS。

表1-2 胺接枝基硅基介孔材料对CO_2的吸附能力

载体	胺	胺含量(mmol/g)	吸附能力(含水情况下)(mmol CO_2/g 载体)	实验条件 P_{CO_2}(atm)	实验条件 T(℃)	参考文献
SBA-15	APTES	2.7	0.52 (0.5)	0.15	60	[115]
SBA-15	AEAPS[f]	4.2	0.87 (0.9)	0.15	60	[115]
SBA-15	DAEAPTS	5.1	1.1 (1.21)	0.15	60	[115]
SBA-15[b]	APTES	2.61	0.66 (0.65)	0.15	60	[116]
SBA-15[b]	AEAPS[f]	4.61	1.36 (1.51)	0.15	60	[116]
SBA-15[b]	DAEAPTS	5.8	1.58 (1.80)	0.15	60	[116]
SBA-15	AEAPTS		0.45	0.15	25	[123]
SBA-15	AEAPTS		1.95	1	22	[123]
SBA-15[c]	AEAPTS		0.91	0.15	25	[122]
SBA-15	APTES		0.4	0.04	25	[118]
SBA-15	APTES	2.72	1.53	0.1	25	[124]
SBA-15	aziridine polymer	9.78	(5.55)	0.1	25	[125]

续表

载体	胺	胺含量（mmol/g）	吸附能力（含水情况下）（mmol CO_2/g 载体）	实验条件 P_{CO_2}（atm）	实验条件 T（℃）	参考文献
SBA-15	aziridine polymer	9.78	(4)	0.1	75	[125]
SBA-15	aziridine polymer	7	(1.98)	0.1	75	[126]
SBA-15	aziridine polymer	7	(3.11)	0.1	25	[126]
SBA-16	AEAPTS	0.76	1.4	1	27	[127]
SBA-12	APTES	2.76	1.04	0.1	25	[124]
MCM-41	APTES	3	0.57	0.1	25	[124]
PE-MCM-41	DAEAPTS	7.95	2.65	0.05	25	[128]
PE-MCM-41	DAEAPTS	7.8	2.28	0.05	70	[129]
MCM-48	APTES	2.3	2.05	1	25	[117]
MCM-48	APTES	2.3	1.14	0.05	25	[117]
HMS[d]	APTS	2.29	1.59	0.9	20	[110]
HMS[d]	DAEAPTS	4.57	1.34	0.9	20	[112]

续表

载体	胺	胺含量 (mmol/g)	吸附能力（含水情况下）(mmol CO_2/g 载体)	实验条件		参考文献
				P_{CO_2} (atm)	T(℃)	
MSP[e]	AEAPTS		0.73	0.1	60	[130]
silica gel	APTES	1.26	0.89	1	50	[107]
CNTs	APTES		1.32	0.15	20	[131]
CNTs	AEAPTS		2.59	0.5	20	[132]

[a] 括号内为有水条件下的 CO_2 吸附能力表示结果。
[b] SBA-15 载体在沸水中煮 2h 再进行氨基硅烷的接枝反应。
[c] 在丙烷超临界流体中用丙基硅烷（C_3）回填的 EDA-SBA-15。
[d] 六方介孔二氧化硅。
[e] 圆形介孔二氧化硅颗粒。
[f] N-（2-氨乙基）-3-氨基丙基三乙氧基硅烷

为了开发可以从天然气的混合物选择性除去 CO_2 和 H_2S 的吸附剂，Huang 等[117]合成并研究了 3-氨基丙基官能化的二氧化硅干凝胶和 MCM-48 吸附剂，胺接枝的 MCM-48 吸附剂表现出比胺接枝干凝胶吸附剂高的 CO_2 吸附量。在纯 CO_2 气流中，CO_2 吸附量在 25℃ 达到 2.05 mmol/g。在水存在时，CO_2 吸附能力增加了一倍。根据吸附机理的不同，生成产物从氨基甲酸酯变为碳酸氢盐。

Gray 和他的合作者[98, 118-121]合成了一系列胺接枝 SBA-15 吸附剂用于吸附 CO_2。结果表明，25℃ 时，APTES-SBA-15 对 CO_2 的吸附量为 0.4 mmol/g，AEAPTS-SBA-15 对 CO_2 的吸附量为 0.79 mmol/g。CO_2 在胺位点形成碳酸氢盐和碳酸盐而被吸附。在 H_2O 存在时，可以增强对 CO_2 吸附能力，因为它有助于形成碳酸盐和碳酸氢盐[118]。这一结果也得到了 Khatri 等[121]的证实。Khatri 等[121]和 Zheng 等[122, 123]研究了几种接枝 SBA-15 的热稳定性，结果发现这些吸附剂在高达 250℃ 的温度范围内都是稳定的。此外，APTES-SBA-15 对 SO_2 的吸附会导致吸附剂几乎完全丧失对 CO_2 的吸附能力，因此进行 CO_2 吸附之前必须要先脱除 SO_2[121]。

为了进一步开发具有大孔容、大孔径、高的胺负荷量、对 CO_2 高吸附量的耐水性胺接枝硅基吸附剂，Sayari 和他的课题组成员[128, 129, 133-139]进行了大量的相关工作。他们合成了具有大孔径的 MCM-41 介孔二氧化硅（PE-MCM-41），接枝有机胺，如 DAEAPTS。这一吸附剂是通过对预合成的 MCM-41 进行水热处理制备的[134]。DAEAPTS-MCM-41 的胺基负荷量为每克材料含 5.98 mmol 氮元素，在 25℃ 和一个大气压下对 N_2 气流中 5% 的 CO_2 进行吸附，吸附量达 2.05 mmol/g。结果表明，吸附剂表面胺基团的密度对吸附效果确实有很大的影响。但是，水分的存在并没有像预期的那样使产物更趋向于形成碳酸氢盐，从而显著增强胺浸渍的 PE-MCM-41 吸附剂的吸附性能。

接着，Harlick 和 Sayari[128]继续致力于优化胺接枝条件的试验研究，并认为，与不含水的接枝程序相比，在 85℃ 含水条件下的接枝方法可以明显增加吸附剂上的胺接枝量。他们发现，通过真空条件下 70℃ 再生，这些吸附剂在 100 个循环周期内表现出良好的稳定性，平均吸附能力达到 2.28mmol/g[129]，而采用变温再生（TSA）需要温度至少在 120℃[136]。除了热稳定性以外，这种吸附剂对 CO_2/N_2 和 CO_2/O_2 表现出极高的选择性[136-138,140]。而且，Belmabkhout 和 Sayari[140]也证明 SO_2 的存在对 CO_2 的吸附有负影响。最近，他们报道了另一项研究[139]，在无水条件下，胺接枝 MCM-41 会因为生成尿素而失活。此外，该研究小组指出，他们的吸附剂在 70℃、7.5% 相对湿度的潮湿气体中进行了超过 700 次循环，吸附能力没有任何损失。因此，他们建议可使用含有水分的气体抑制尿素的形成来显著提高吸附剂的稳定性。

Jones 和他的课题组[125, 126]研发了一种新型的以共价键键合的高胺含量的超支化氨基硅烷（HAS）吸附剂，能够从烟气中可逆捕获 CO_2，并与其他由共价键键合的胺功能化固体吸附剂的吸附性能进行了比较。HAS 通过一步合成法将乙烯亚胺单体进行表面聚合并同时固载到 SBA-15 孔内，HAS 吸附剂胺负荷量高达 7.0mmol N/g。在填充床反应器中进行的 CO_2 吸附试验表明，在 25℃，10%CO_2/90%Ar 的湿气流中，吸附量达到 3.08mmol/g。这个吸附剂在 130℃ 的再生条件下，12 个循环周期内性质稳定。根据他们之前的研究，Drese[125]进一步深入研究发现，胺负载量越高，潜在可用的活性吸附位点就越高，因而会表现出更高的吸附容量。

Knöfel 等[127]用 AEAPTS 对 SBA-16 进行了胺基功能化。SBA-16 具有三维的互相连通的立体孔矩阵，因此对接枝用的胺基具有很好的可进入性，吸附时也有利于分子的传递。但吸附能力最大能达到 1.4mmol/g，对 CO_2 的吸附焓高达 −100kJ/mol。

Zeleňák 课题组[124]对三种胺基接枝的不同孔径的介孔二氧化硅材料的吸附性能进行了比较。这三种吸附剂载体分别为：MCM-41（dp = 3.3nm）、SBA-12（dp = 3.8nm）和 SBA-15（dp = 7.1nm）。吸附剂对 CO_2 的吸附容量大小顺序与孔径和吸附剂表面胺基团密度大小的顺序一致，与胺浸渍的介孔二氧化硅吸附剂观察到的结果类似。Kim 等[141]通过阴离子表面活性剂介导的合成方法，开发了一系列胺功能化介孔二氧化硅吸附剂，并在室温下测试了对 CO_2 的吸附能力。如预期的一样，在介孔结构中的胺负载量被确定为实现高 CO_2 吸附的决定性因素。

表 1-2 总结了文献中胺接枝吸附剂的 CO_2 吸附能力。尽管胺功能化的介孔二氧化硅具有显著改善二氧化硅载体的 CO_2 吸附能力，文献报道中的对 CO_2 的吸附能力还是不如胺浸渍的介孔二氧化硅。此外，介孔二氧化硅吸附剂在存在水蒸气并高温的情况下，热稳定性差，仍是需要关注的问题之一。

第 2 章 乙二胺改性 MIL-101（Cr）的合成、表征及 CO_2 吸附性能的研究

2.1 引言

CO_2作为主要的温室气体之一，对温室效应的贡献达60%[142, 143]。高效捕集CO_2成为当前研究的热点。传统的碳捕集方法为胺溶液化学吸收法，存在再生能耗大、对设备腐蚀性强、吸收剂易流失等缺点，限制了其进一步的应用。近年来，吸附法以其设备工艺流程简单、能耗低、性能稳定、易再生等优点越来越受到关注[28]。

目前，用于碳捕集的固体吸附材料研究多集中于活性炭、沸石分子筛、硅基介孔材料、金属有机骨架（Metal Organic Frameworks, MOFs）材料等多孔材料，活性炭和沸石分子筛存在吸附容量低、选择性不佳和再生困难等问题[144]。MOFs材料作为一种新型的多孔固体材料，因具有超大的比表面积、发达的孔隙结构、孔径尺寸可调、良好的化学稳定性和热稳定性，在气体吸附分离方面具有巨大的应用潜力[45, 72, 145, 146]。MIL-101是由法国科学家Férey合成出的MIL-n（Materials of Institute Lavoisier）系列材料的典型代表之一，与大多数MOFs材料相比，该材料具有更好的水热稳定性，其骨架结构在高温下（300℃）不改变，且含大量不饱和金属活性位点[37, 147, 148]，引起了关注。之后Llewellyn等[149]合成的MIL-101在5 MPa及303 K条件下对CO_2的吸附容量高达40 mmol/g，远高于其他多孔吸附材料。

大多数金属有机骨架材料在碳捕集领域的应用研究主要着力于高压条件下提高对CO_2的吸附能力[150, 151]，而有关常温常压下对CO_2的吸附性能及气体选择性研究很少。为进一步提高MOFs材料在常压下对CO_2的吸附容量和吸附选择性，研究者将碱性基团引入材料表面，以期有针对性地增强对酸性气体CO_2的吸附性能。如Zhang等[152, 153]分别用乙二胺和氨水改性MOFs材料ZIF-8，使其对CO_2的吸附性能增强。杨琰等[154]用氨气改性MIL-53（Cr），合成出了对CO_2/CH_4吸附选择性高的改性材料NH_3@MIL-53（Cr）。这些改性材料对CO_2的吸附性能都有所提高。本研究以金属有机骨架材料MIL-101为载体，采用溶剂热法将乙二胺（ED）接枝到MIL-101上，制备新型吸附剂MIL-101-ED-n，该材料可在常温常压下吸附CO_2，吸附容量和吸附选择性均有较好改善。

2.2 材料的制备

2.2.1 实验材料和试剂

本实验所使用的主要材料和试剂如表 2-1 所示。

表 2-1 主要实验材料和试剂

试剂名称	分子式	级别	生产商
九水硝酸铬	$Cr(NO_3)_3 \cdot 9H_2O$	AR	国药集团化学试剂有限公司
对苯二甲酸	$C_8H_6O_4$	AR	国药集团化学试剂有限公司
氢氟酸	HF	AR	西陇化工股份有限公司
N,N-二甲基甲酰胺	C_3H_7NO	AR	天津市德恩化学试剂有限公司
无水乙醇	CH_3CH_2OH	AR	国药集团化学试剂有限公司
乙二胺	$C_2H_8N_2$	AR	国药集团化学试剂有限公司
氟化铵	NH_4F	AR	洛阳市化学试剂厂
聚乙烯亚胺（分子量为600）	$(CH_2CH_2NH)_n$	AR	美国 Aladdin 公司
2-氨基对苯二甲酸	$C_8H_7NO_4$	AR	美国 Alfa Aesar 公司
实验用水	H_2O	去离子水	自制

2.2.2 实验设备和分析仪器

本实验用于合成和表征的主要实验设备和分析仪器如表 2-2 所示。

表 2-2 主要实验设备和分析仪器

仪器名称	型号	生产厂家
X 射线粉末衍射仪	D8 Advance 型	德国 Bruker 公司
傅立叶变换红外光谱仪	NEXUS 型	美国 Nicolet 仪器公司
扫描电子显微镜仪	JSM-6390LV 型	日本电子公司
热重分析仪	STA449F3 型	德国 Netzsch 公司
低温恒温槽	DC-0515 型	上海衡平仪器表厂
全自动微孔物理化学吸附仪	ASAP 2020 型	美国 Micromeritics 公司
恒温磁力搅拌器	79-1 型	常州普天仪器制造有限公司
真空干燥箱	DZF-6051 型	上海精宏实验设备有限公司
丹佛电子天平	TP-214 型	北京市赛多利斯仪器有限公司
鼓风干燥箱	DHG-9075A 型	上海一恒科学仪器有限公司
超声波清洗器	KQ2200B 型	昆山市超声仪器有限公司

2.2.3 乙二胺改性 MIL-101（Cr）具体合成步骤

本实验采用水热法合成 MIL-101（Cr），步骤如下：参照文献 [147] 的方法，称取 2.4 g Cr（NO$_3$）$_3$·9H$_2$O 溶于 28.6 mL 去离子水中，搅拌均匀后加入 0.996 g 对苯二甲酸，再向其中滴加 40% 的 HF 0.26 mL，搅拌 30 min 后转移至不锈钢高压反应釜中，于 220℃反应 8 h。冷却至室温后将得到的绿色产物离心分离，用 N,N- 二甲基甲酰胺和无水乙醇分别洗涤 3 遍，之后将样品浸泡在 100℃无水乙醇中 20 h，然后冷却、离心、洗涤、干燥。再将样品放入 30 mmol/L 的氟化铵溶液中 60℃反应 10 h，反应结束后冷却、离心，用 60℃的去离子水多次洗涤后，放入真空干燥箱 100℃过夜干燥，即得纯化后的 MIL-101 样品。

（1）乙二胺改性 MIL-101（Cr）的制备参照文献 [155] 并根据实验效果进行了调整和改进：称取 0.30 g 制备好的 MIL-101，溶于 30 mL 无水乙醇中，分别加入 0.06 mL、0.18 mL、0.24 mL、0.36 mL 乙二胺，移入 100 mL 反应釜中 90℃反应 12 h。反应结束后冷却至室温，离心分离，用无水乙醇洗涤3遍，100℃干燥12 h，即得改性后的MIL-101，将样品分别标记为：MIL-101-ED-0.06、MIL-101-ED-0.18、MIL-101-ED-0.24、MIL-101-ED-0.36。

（2）掺杂不同量2-氨基对苯二甲酸配体合成NH_2-MIL-101的步骤为：称取4份0.8 g Cr(NO_3)$_3$·9H_2O溶于9.5 mL去离子水中，搅拌均匀后加入对苯二甲酸的量分别为：0.25 g、0.17 g、0.08 g、0 g，再向其中加入2-氨基对苯二甲酸的量分别为：0.09 g、0.18 g、0.27 g、0.36 g。搅拌30 min后转移至不锈钢高压反应釜中，于160℃反应12 h。反应结束后冷却至室温将得到的产物离心分离，用 N,N-二甲基甲酰胺和无水乙醇分别洗涤3遍，之后将样品浸泡在100℃无水乙醇中20 h，然后冷却、离心、洗涤、干燥。得到掺杂2-氨基对苯二甲酸配体的量分别为25%、50%、75%、100%的NH_2-MIL-101材料，样品分别编号为：1#、2#、3#、4#。

（3）不同含量的聚乙烯亚胺改性NH_2-MIL-101的制备过程为：称取0.15 g制备好的3#样品，溶于10 mL无水乙醇中，分别加入0.1 g、0.15 g、0.225 g、0.35 g聚乙烯亚胺，移入20 mL反应釜中90℃反应10 h。反应结束后冷却至室温，离心分离，用无水乙醇洗涤3遍，100℃干燥12 h，即得改性后的NH_2-MIL-101，将样品分别标记为：3#-PEI-40%、3#-PEI-50%、3#-PEI-60%、3#-PEI-70%。

2.3 材料的表征与性能测试

2.3.1 X射线衍射分析

用X射线粉末衍射仪对样品进行物相分析，测试条件为：CuKα射线（λ=0.15406 nm），管电压和电流分别为：40 kV 和 40 mA，扫描速度 1°/min，扫描 2θ 范围 2°～20°。

2.3.2 N_2 吸附-脱附分析

用全自动微孔物理化学吸附仪测定样品在 77 K 液氮温度下 N_2 的吸附脱附等温线，由此计算出材料的比表面积及孔径，测试前样品先在 100℃下脱气预处理 6 h。

2.3.3 扫描电镜分析

用扫描电镜对合成材料的颗粒形貌和大小进行分析表征。为了使样品颗粒更分散，首先将样品溶于无水乙醇中进行超声处理，再将样品滴到导电铜板上，喷金处理后进行分析。

2.3.4 红外光谱分析

用傅立叶变换红外拉曼光谱仪进行样品红外分析，以获取材料的官能团或化学键等化学结构信息。将样品烘干除水后与 KBr 混合压片，固定在样品池中记录红外光谱，设定波数范围为：4000～400 cm^{-1}。

2.3.5 热重分析

用热重分析仪对样品进行热稳定性分析，实验在氮气氛围，升温速率 5℃/min，升至 500℃。

2.3.6 CO_2 吸附等温线测试

CO_2 吸附-解吸等温线采用 Micromeritics 公司的 ASAP 2020 型分析仪，测定压力范围为 0.001～0.1 MPa。取大约 150 mg 待测样品放至专用的石英样品管中，同时采用循环水浴以保证样品管所处的环境为预设的温度并保持温度恒定。其测试系统示意如图 2-1 所示。

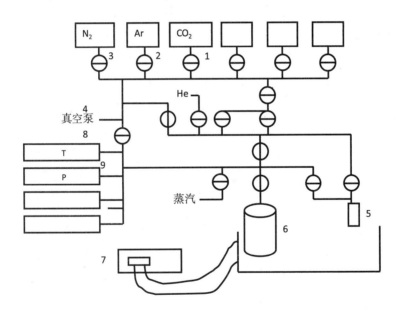

图 2-1　ASAP 2020 型气体吸附测试系统示意

1—二氧化碳汽缸；2—氩气汽缸；3—氮气汽缸；4—真空泵；5—温度传感器；
6—样品室；7—温度控制器；8—温度测试器；9—压力测试器

2.3.7 改性材料的再生性能测试

改性材料的再生循环使用性能测试与 CO_2 吸附等温测试方法基本相同,不同之处是,在一定温度下,吸附材料吸附 CO_2 后在 80 ℃下脱气 4 h 后再进行测试,循环测试 5 次。

2.4 结果与讨论

2.4.1 X 射线衍射分析

实验考察了所制备的未改性的 MIL-101 样品和不同乙二胺加入量（0.06 mL、0.18 mL、0.24 mL、0.36 mL）改性 MIL-101 材料的晶体结构，图 2-2 为它们的 X 射线粉末衍射分析结果，从图中可以看出，除 MIL-101-ED-0.36 外，其他材料在 3.3°、5.2°、8.5°、9.1°处均出现明显的衍射峰，与 MIL-101 的特征峰位置一致[88]，随着乙二胺加入量的增加，特征峰强度略微下降，当乙二胺加入量为 0.36 mL 时，特征峰消失。表明 MIL-101 经适量乙二胺改性后，仍能较好地保持原有的晶体结构，但过量的乙二胺改性 MIL-101 会破坏材料结构，造成材料结构坍塌。

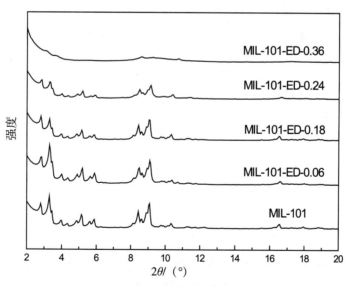

图 2-2 未改性和不同量乙二胺改性的 MIL-101 的 XRD 谱

2.4.2 N_2 吸附-脱附分析

为了获得样品的比表面积及孔容大小，对未改性和不同乙二胺加入量改性 MIL-101 在 77 K 液氮条件下进行了 N_2 吸附脱附等温线测定，如图 2-3 所示，由 N_2 吸附脱附等温线可以计算出样品的比表面积和孔容，列于表 2-3。从表 2-3 可以看出，经 0.06 mL、0.18 mL、0.24 mL 乙二胺改性 MIL-101 后，样品的比表面积和孔容均有不同程度的下降，大小顺序为：MIL-101 > MIL-101-ED-0.06 > MIL-101-ED-0.18 > MIL-101-ED-0.24，其中 MIL-101-ED-0.18 与 MIL-101-ED-0.06 相比，比表面积及孔容仅有少许下降。

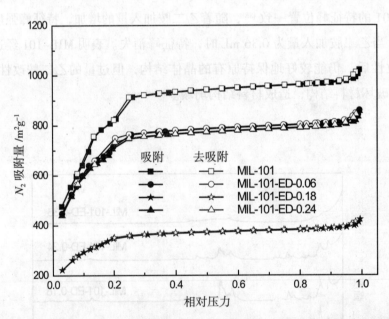

图 2-3 未改性和不同量乙二胺改性的 MIL-101 在 77 K 下的 N_2 吸附-脱附等温线

随着乙二胺加入量的增多，改性材料表面的氨基碱性位点随之增加，其比表面积及孔容降低。MIL-101-ED-0.18 与 MIL-101-ED-0.06 相比，仅有少许降低，说明此时乙二胺中的氨基基本已最大程度占据了原材料的不饱和金属位。当乙二胺加入量继续增至 0.24 mL 时，样品的比表面积及孔容下降较大，初步推断材料部分结构被破坏。

表 2-3　样品的比表面积及孔容

样品	比表面积 /m²g⁻¹	孔容 /cm³g⁻¹
MIL-101	2827	1.58
MIL-101-ED-0.06	2308	1.33
MIL-101-ED-0.18	2255	1.32
MIL-101-ED-0.24	1127	0.65

2.4.3　扫描电镜分析

改性前后 MIL-101 的形貌如图 2-4 所示。从图中可以看出，未改性的 MIL-101 呈八面体构型，较均匀；加入适量乙二胺后，材料依然保持较好的八面体构型；乙二胺加入量增至 0.24 mL 时，材料有部分发生黏聚坍塌。Luo 等[156]在对 MIL-101 进行氨基功能化时也发现类似情况，也与 XRD 和 N_2 吸附-脱附结果一致。

（a）MIL-101　　（b）MIL-101-ED-0.06

（c）MIL-101-ED-0.18　　（d）MIL-101-ED-0.24

图 2-4　未改性和不同乙二胺改性 MIL-101 的扫描电镜照片

2.4.4 红外光谱分析

为了验证乙二胺成功接枝 MIL-101,对样品进行了傅立叶变换红外拉曼光谱分析,图 2-5 为未改性和不同乙二胺加入量改性 MIL-101 的红外图谱,经过乙二胺改性的 MIL-101 在 1585 cm^{-1}、1052 cm^{-1} 处分别出现伯胺的 N—H 面内弯曲振动、C—N 伸缩振动吸收峰[156],说明 MIL-101 被成功改性。

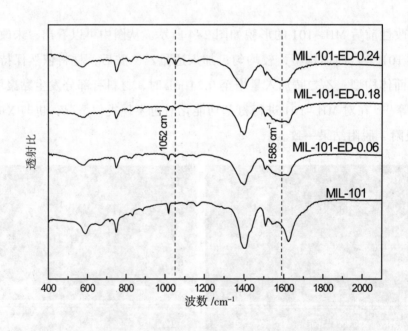

图 2-5 未改性和不同量乙二胺改性的 MIL-101 的红外光谱

2.4.5 热重分析

对改性材料进行热重分析,结果如图 2-6 所示。从图中可以看出,MIL-101 主要有两个失重阶段:第一个失重阶段为 25～100℃,主要为材料中的客体水分子和溶剂分子(无水乙醇)的去除,第二个失重阶段为 350～500℃,主要是由于骨架中羟基和氟离子的脱除引起骨架坍塌造成失重[152]。改性材料 MIL-101-ED-0.18 在 25～100℃ 同样由于材料中水分子和溶剂分子（无水乙醇）的脱除失重约10%，在225℃后乙二胺逐步被分解，350℃后材料坍塌分解。说明材料经乙二胺改性后在200℃以上仍稳定，表明其具有很好的热稳定性。

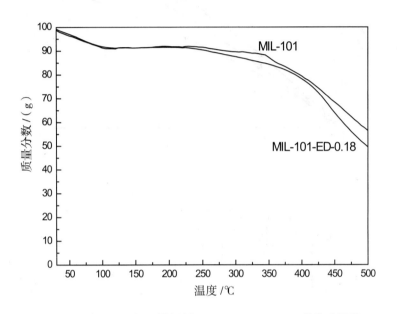

图 2-6　MIL-101 与改性材料 MIL-101-ED-0.18 的热重图谱

2.4.6　CO_2 吸附等温线

在 25℃ 及 0.1 MPa 条件下对样品进行 CO_2 吸附测试。图 2-7 为改性前后 MIL-101 对 CO_2 的吸附等温线及单位比表面积上的吸附等温线。从图 2-7 可以看出，适量（少于 0.24 mL）乙二胺改性后的样品与 MIL-101 相比，CO_2 吸附量和单位比表面积对 CO_2 的吸附量均增加，顺序为：MIL-101-ED-0.24 > MIL-101-ED-0.18 > MIL-101-ED-0.06 > MIL-101。表明乙二胺量越大，改性后材料表面的碱性越强，其单位比表面积对 CO_2 的吸附容量越高，原因是 CO_2 为酸性分子，用乙二胺接枝 MIL-101 后，材料表面的氨基碱性位增加，增强了材料与 CO_2 分子间的化学作用力，对酸性 CO_2 分子吸附量增加。但乙二胺加入过多会使材料结构部分坍塌，改性材料比表面积大幅下降，导致单位质量改性材料对 CO_2 的吸附容量下降。

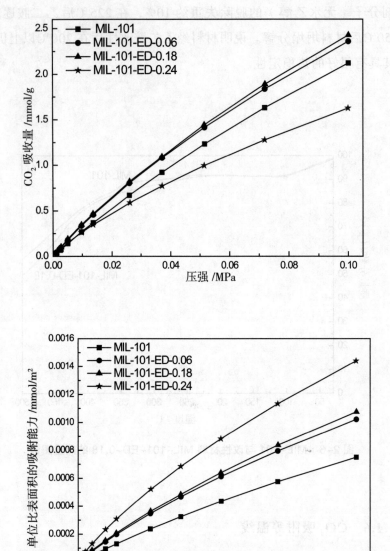

图 2-7 25℃下改性前后 MIL-101 对 CO_2 的吸附等温线和单位比表面积上的吸附等温线

用乙二胺改性 MIL-101，乙二胺加入量越大，单位表面产生的碱性吸附位越多，有利于对酸性分子 CO_2 的吸附；但随乙二胺加入量增大，改性材料的比表面积下降，甚至破坏材料结构，使单位质量的吸附剂对 CO_2 的吸附量大幅下降，不利于 CO_2 吸附。因此要合理控制乙二胺加入量，以获得单位质量及单位比表面积对 CO_2 吸附量均较高的改性 MIL-101。本研究结果显示，用 0.18 mL 乙二胺改性 MIL-101 后，材料对 CO_2 的吸附效果最好，吸附量达 2.43 mmol/g，比氨基改性 MIL-101（Cr）后相同条件下

对 CO_2 的吸附量（< 2 mmol/g）[156]明显增加。CO_2 吸附量比改性前增加了 14.6%，主要是由改性后氨基碱性位的引入和改性材料依然保持较高的比表面积决定的。

2.4.7 温度对改性材料吸附 CO_2 的影响及等量吸附热计算

为了考察温度对改性材料吸附 CO_2 的影响并计算其等量吸附热，实验测定了 MIL-101-ED-0.18 在不同温度下的 CO_2 吸附等温线。如图 2-8 所示，材料在 5℃及 0.1 MPa 时对 CO_2 的吸附量达 3.67 mmol/g，明显高于 MIL-101-NH_2 在 0℃及 0.1 MPa 时对 CO_2 的吸附量（3.02 mmol/g）[157]，原因是本研究改性材料保持了较高的比表面积。随吸附温度升高，MIL-101-ED-0.18 对 CO_2 的吸附能力下降，在低压（低于 0.01 MPa）下 MIL-101-ED-0.18 对 CO_2 的吸附量受温度影响较小。这是因为低压时吸附剂上的氨基位点和 CO_2 发生的化学作用力为主要因素，而物理吸附作用力较小；在较高压力下 MIL-101-ED-0.18 对 CO_2 的吸附量受温度影响明显，主要是由于高压下物理吸附作用力占主导，因此 CO_2 吸附量受温度影响表现出较大的差别。

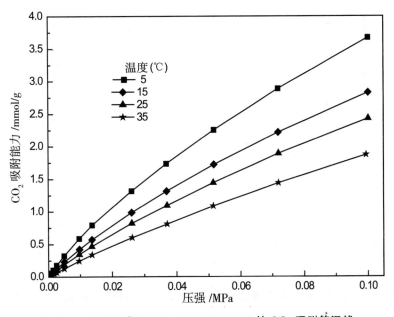

图 2-8　不同温度下 MIL-101-ED-0.18 的 CO_2 吸附等温线

吸附热是衡量吸附剂吸附功能强弱的重要指标之一。根据图 2-8 数据，利用 Clausius-Clapeyron 方程计算了 MIL-101-ED-0.18 对 CO_2 的单位吸附量的焓变：

$$\ln p_q = -\Delta H_q/(RT) + C$$

式中，p_q 为吸附量为 q 时的压力（mmHg），T 为温度（K），R 为气体常数 [8.315 J/(K·mol)]，C 是常数。用相同吸附量对应的 $\ln P$ 与 T^{-1} 作图，根据直线的斜率可计算某一吸附量时的等量吸附热。图 2-9 为不同 CO_2 吸附量下用 Clausius-Clapeyron 拟合所得 $\ln P$ 与 T^{-1} 关系图。从图中可以看出，不同吸附量时 $\ln p$ 与 T^{-1} 均呈现出良好的线性关系，根据斜率计算的等量吸附热分别为 q=0.5 mmol/g 时，ΔH_q=47.11 kJ/mol；q=1.0 mmol/g 时，ΔH_q=37.37 kJ/mol；q=1.5 mmol/g 时，ΔH_q=32.91 kJ/mol。与未改性 MIL-101 的吸附热（20～24 kJ/mol）[158] 相比，改性后材料的吸附作用力增强。这主要是因为引入 ED 使材料表面的碱性增强，增强了与 CO_2 的作用力；且随吸附量增加，等量吸附热降低，表明吸附量增加使氨基碱性位点和吸附活性位点减少，吸附作用力变弱。

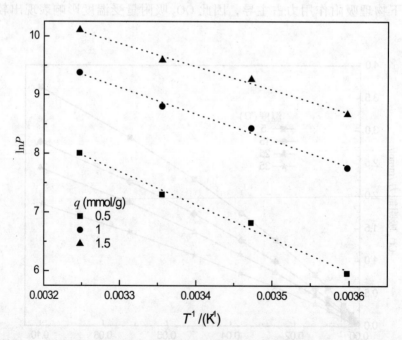

图 2-9　不同 CO_2 吸附量下用 Clausius-Clapeyron 方程拟合的 $\ln P$ 与 T^{-1} 的关系

2.4.8 CO_2/N_2 的吸附选择性

为评价改性材料对 CO_2/N_2 选择性的影响,分别测定了 25℃及 0.1 MPa 条件下 MIL-101 和 MIL-101-ED-0.18 对 CO_2 和 N_2 的吸附等温线,如图 2-10 所示。从图 2-10 可以看出,MIL-101 对 CO_2 和 N_2 的吸附量分别为 2.12 mmol/g 和 0.19 mmol/g,而 MIL-101-ED-0.18 对 CO_2 和 N_2 的吸附量分别为 2.43 mmol/g 和 0.14 mmol/g,改性 MIL-101 的 CO_2/N_2 选择分离系数从 11 提高到了 17,分离性能提高了 55.6%,选择性优于乙二胺改性的 ZIF-8(< 13.5)[152] 和 MIL-101-NH_2(< 13)[146, 157]。这是由于低压下 CO_2 的吸附量主要与孔表面的化学特性有关,高压下的吸附量取决于材料的比表面积[146],而 CO_2 的四极矩(-14×10^{-40} C·m²)大于 N_2 的四极矩(-4.6×10^{-40} C·m²)[159],且 CO_2 呈 Lewis 酸性,MIL-101-ED-0.18 孔道中引入的 Lewis 碱性氨基与 CO_2 的作用强于与中性 N_2 的作用,虽然 N_2 的动力学直径(0.364 nm)略大于 CO_2(0.33 nm),微孔对 N_2 的动力学选择吸附作用大于 CO_2,但低压下 MIL-101-ED-0.18 骨架及氨基与 CO_2 分子的作用占主导,且 MIL-101-ED-0.18 的比表面积大,所以无论在低压还是高压下,MIL-101-ED-0.18 对 CO_2 都具有较高的吸附量,使其对 CO_2 的吸附容量比 MIL-101(Cr)提高了 14.6% 以上,而对 N_2 的吸附容量却下降了 26.3%,对 CO_2/N_2 的吸附选择性提高。

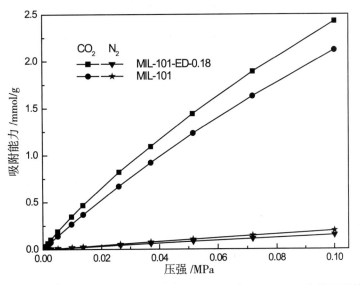

图 2-10 25℃下 CO_2 和 N_2 在 MIL-101 和 MIL-101-ED-0.18 上的吸附等温线

2.4.9 改性材料的再生

吸附剂的循环再生使用性能是其在碳捕获实际应用中的重要因素。以MIL-101-ED-0.18为代表，对改性材料吸附CO_2的循环再生使用性能进行了测试，再生条件为80℃真空加热4 h。图2-11为MIL-101-ED-0.18循环5次的吸-脱附曲线。可以看出，经5次循环吸-脱附后，CO_2吸附量仍与首次吸附水平一致，表明改性材料吸附CO_2后，在80℃真空条件下即可完全脱附再生，具有很好的再生稳定性和循环利用性能。

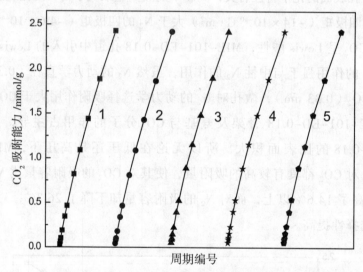

图2-11　MIL-101-ED-0.18的5次吸-脱附循环曲线

2.5 结　论

采用溶剂热法用乙二胺改性了金属有机骨架材料 MIL-101（Cr），制备了不同乙二胺添加量的 MIL-101-ED 材料，研究了其晶体结构、形貌及热稳定性，并测定其对 CO_2 的吸附性能及 CO_2/N_2 分离性能，研究结果显示：

（1）采用溶剂热法可成功将 ED 接枝 MIL-101（Cr），与其他氨基功能化 MOFs 材料相比，制备过程较为简便。

（2）MIL-101（Cr）经 ED 改性后可在常温常压的温和条件下能有效吸附温室气体 CO_2，改性材料 MIL-101-ED-0.18 对 CO_2 的吸附容量常温常压下可达 2.43 mmol/g，比改性前提高了 14.6%，高于其他同类材料。

（3）改性材料对气体的吸附选择性能也有很大的提高，其 CO_2/N_2 选择分离系数由 11 提高到了 17，比改性前提高了 55.6%。改性材料对 CO_2 吸附能力和选择性的提高来自于接枝的氨基与 CO_2 的化学作用。

（4）改性材料易于再生，具有很好的再生稳定性，再生材料重复利用性能不变。该研究对常温常压条件下温室气体 CO_2 的捕集具有重要意义，同时也为此类 MOFs 材料的进一步改性提供了思路。

第 3 章　固载氨基酸离子液体介孔氧化硅材料对 CO_2 的化学吸收性能研究

3.1 引言

离子液体因为其独特出众的优点，比如几乎可以忽略的蒸汽压、高的热力学和化学稳定性、强的溶解能力和可循环再生等特性，而受到众多研究学者的关注[160]。在这些特性中，几乎没有蒸汽压、对大气无污染这一点使得离子液体明显优于传统的挥发性有机溶剂，因而被称为"绿色溶剂"。除此之外，离子液体分子结构和物化性质的可调性也是其最独特而有用的性质之一。因为具有这些显而易见的优点，离子液体已经被应用到许多研究领域，比如，分析化学[161]、生物化学[162]、电化学[163]、催化[164]和分离科学[165]等领域。由于CO_2是引起温室效应的众所周知的元凶，使得利用离子液体从电厂、钢厂、化工厂等排放源排放的燃气废气中分离吸收CO_2这一研究引起了广泛的关注。在过去的几十年中，Blanchard[166, 167]、Anthony[168, 169]、Shariati and Peters[170, 171]、Kim[172]等课题组在这一研究领域做出了巨大的贡献，推动了离子液体在这一领域的快速发展。

一般来说，传统的离子液体是通过物理作用来吸收CO_2的，因此吸收能力并不十分显著，而且必须要在很高的压力下才能进行吸收，这对于碳捕集技术的实际应用来说是不够的。为了增加CO_2吸收量，Bates[173]合成了胺基功能化离子液体，通过化学作用来吸收CO_2，发现CO_2吸收量在常温常压下可以达到 0.5 mol mol^{-1} IL。从这以后CO_2在胺基功能化离子液体尤其是阴离子功能化的氨基酸（AA）离子液体中被大力发展[174-176]。这其中存在着两种化学反应机理，见反应式（3-1）~反应式（3-4）。胺基功能化离子液体上的胺基基团首先与CO_2分子按照 1∶1 的比例反应生成氨基甲酸，氨基甲酸再释放出氢离子与其它活性胺基发生反应生成氨基甲酸盐，总反应如反应式（3-4）所示，即两个胺基捕获一个CO_2分子。

值得一提的是，Gurkan[177]通过研究具有大的离子对的胺基功能化离子液体三己基十四烷基膦氨基酸离子液体 [P$_{66614}$][AA] 对CO_2的吸收行为发现，[P$_{66614}$][AA] 可以与CO_2按照 1∶1 的当量比反应生成氨基甲酸。但是，在别的研究中，那些具有小的离子对的阴离子功能化氨基酸离子液体却并非如此。比如，四乙胺-氨基酸盐 [N$_{2222}$][AA][178]、四丁基膦氨基酸离子液体

[P（C₄）₄][AA][179] 和 1- 丁基 -3- 甲基咪唑氨基酸盐 [C₂mim][AA][180] 与 CO_2 按照 2∶1 的当量比反应生成氨基甲酸盐。为什么在不同的胺基功能化离子液体上与 CO_2 的反应机理会存在这么大的不同？Ren 和 Wu[181] 认为对于具有大离子对的离子液体，比如 [P₆₆₆₁₄][AA]，分属于两个离子液体分子上的胺基基团因为阳离子较大而不容易靠近。当胺基和 CO_2 按照反应（3-1）生成氨基甲酸以后无法接触到另外的胺基基团从而无法进行反应（3-3），使得氨基甲酸成为最终的反应产物。当阴阳离子对比较小的时候，原本反应生成的氨基甲酸很容易接触到另一个胺基并进一步反应生成中性的氨基甲酸盐，如反应（3-4）所示[174, 181]。

$$R-NH_2+CO_2 \rightarrow R-NHCOOH \qquad (3-1)$$

$$R-NHCOOH \rightarrow R-NHCOO^- + H^+ \qquad (3-2)$$

$$R-NH_2+H^+ \rightarrow R-NH_3^+ \qquad (3-3)$$

$$2R-NH_2+CO_2 \rightarrow R-NHCOO^- + R-NH_3^+ \qquad (3-4)$$

胺基功能化离子液体上的胺基（伯胺）基团与 CO_2 的反应机理
（R: 阳离子或阴离子取代物）[182]

以上这些理论推测给了我们灵感，如果我们能想办法将离子液体分子分隔开来阻止两个胺基基团接近，那么离子液体与 CO_2 之间将会按照 1∶1 的反应机理进行，反应生成氨基甲酸，从而大大增加氨基酸离子液体对 CO_2 的吸收量。尤其是对于具有小的离子对的氨基酸离子液体来说，意义重大。而且，最近 Niedermaier[182] 通过 XPS（X 射线光电子能谱）表征手段加上核磁和 ATR-IR（衰减全反射傅立叶变换红外光谱技术）辅助手段证实了，低压情况下，在离子液体分子大量堆积地区反应产物以氨基甲酸盐为主，而在近表面区域的主要产物为氨基甲酸。从上面提到的 Ren 和 Wu 的观点来分析 Niedermaier 的研究结果，在离子液体堆积区 CO_2 和胺基基团之间之所以会以 1∶2 的当量比进行反应，是因为这些堆积在一起的分子就像具有小离子对的离子液体中的分子一样，分属于不同分子上的胺基基团很容易互相接触到，所以更有利于氨基甲酸盐的生成。但是处在近表面的胺基功能化离子液体不存在这种问题，分布于这个区域的离子因为很分散所以会以氨基甲酸为最终的反应产物。所以，如果我们能寻找一种方法可以把氨基酸离子液体的分子充分分散，使原本堆积在一起的各离子处于近表面区域，使分属于不同氨基酸离子液体分子上的胺基之间隔离开来，那么氨基酸离子液体对 CO_2 的吸收量将会大大增强。

　　本章节对这一思路与想法进行了验证实验。我们将 1-丁基-3-甲基咪唑氨基酸离子液体分散到纳米多孔的二氧化硅材料 SBA-15 上。由于 SBA-15 具有大的比表面积，规则的孔道结构，我们期望它可以尽可能多的将氨基酸离子液体分散在其孔道结构中。实验结果表明，我们合成的氨基酸离子液体对 CO_2 的吸收量的确可以通过这种分散操作而得到明显的提高。除了大大增强的吸附能力之外，这种操作也成功避免了功能化离子液体的高黏度导致的重要缺陷：高的 CO_2 扩散阻力和在再生操作中的高能耗。就我们所知，这是第一次有关将氨基酸离子液体分散在纳米多孔二氧化硅材料中来吸收 CO_2 的研究。

3.2 材料与方法

3.2.1 试剂

三嵌段共聚物 Pluronic P123，正硅酸四乙酯（tetraethyl orthosilicate，TEOS，98%），3-氨基丙基三甲氧基硅烷（3-Aminopropyltrimethoxysilane，APTMS，99%），3-（2-氨基乙基氨基）丙基三甲氧基硅烷 [3-(2-Aminoethyl) 3-Aminopropyltrimethoxysilane，APAETMS，97%]，3-[2-（2-氨基乙基氨基）乙基氨基]丙基-三甲氧基硅烷（3-[2-(2-Aminoethylamino) ethylamino]propyl-trimethoxysilane，APAEAETMS，97%）购自 Sigma-Aldrich 公司；浓盐酸，36.5%（质量分数），杭州化学试剂有限公司；其余均为化学纯，购买于国药集团化学试剂有限公司；CO_2（99.999%）和 N_2（99.99%）购买于北京普莱克斯公司。

3.2.2 材料的合成

氨基酸离子液体：本章节所用氨基酸离子液体 [C_4mim][Ser]，[C_4mim][Gly] 和 [C_4mim][Ala] 为本课题组成员所制备，具体合成方法为酸碱中和制备方法[183]。离子液体的分子结构见图 3-1。

将 2.00 g 三嵌段共聚物 Pluronic P123 加入到 80 mL 1.6 mol/L HCl 溶液中，放至磁力搅拌器上搅拌，直至 P123 完全溶解之后，将 4.20 g TEOS 逐滴加入，放入 35℃水浴搅拌加热 20 h，出现大量凝胶。将所得混合物密封在反应釜中，在 90℃烘箱中静置水热反应 48 h。所得固体放至布氏漏斗中过滤，用去离子水清洗数次直至滤出水清澈为止，放在 50℃烘箱干燥过夜。最后得到的固体颗粒物放在马弗炉中以 5℃/min 的速度升温至 550℃并持续灼烧 8 h，即可得到 SBA-15。

固载氨基酸离子液体介孔氧化硅材料的合成采取湿式浸渍法制备[85,184]。具体方法如下：称取一定质量的氨基酸离子液体置于盛有 8.0 g 甲醇的圆底烧瓶中（25 mL），搅拌 30 min 使离子液体充分溶解在甲醇中。再将 1.0 g 已合成好的 SBA-15 粉末加入到上述混合溶液中，室温条件下充分搅拌，直至甲醇完全挥发，得到的粉状固体颗粒即为固载了氨基酸离子液体的 SBA-15 吸附剂。根据加入的氨基酸离子液体的质量不同，可以分别得到不同负载量的 [C$_4$mim][AA] / SBA-15（25 wt.%，50 wt.%，60 wt.% 和 75 wt.%）。所有吸附剂使用前需要 75℃ 真空加热 8 h。

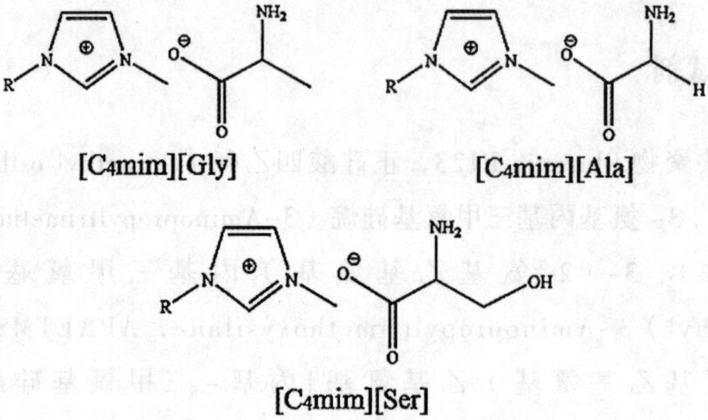

图 3-1 本章节所用到的氨基酸离子液体结构式（其中 R=C$_4$H$_9$）

3.2.3 材料的表征

透射电镜图像为 2100 JEOL 仪器上在 200 kV 的操作电压下观察样品所得。扫描电镜图像观察所用仪器为 Quanta 200 在 20 kV 的操作电压下所得。样品的氮气吸附-解吸等温线采用美国麦克公司（Micromeritics）ASAP 2020 物理化学吸附仪在 -196℃ 进行测定。测试前将样品分别在 75℃ 真空加热 8 h，然后在液氮温度（-196℃）下进行测定。样品的比表面积和平均孔径分布由 BET 方程计算得到。总孔容由相对压力为 0.995 时的氮气吸附量计算。TGA 分析采用德国 Netzsch 公司 STA449C 热重分析仪。液体核磁所用仪器为德国 Bruker 公司 Av-400 超导核磁共振谱仪。固体核磁所用仪器为 Bruker-600 核磁共振谱仪。ATR-IR 测定所用仪器为美国 Norwalk 公司 PerkinElmer 983 红外光谱仪。

3.2.4 CO_2 吸附 – 解吸装置

CO_2 吸附 – 解吸等温线采用麦克公司的 ASAP 2020 分析仪，测定压力范围为 0.001 ~ 0.1 MPa。取大约 150 mg 待测样品放至专用的石英样品管中，同时采用循环水浴以保证样品管所处的环境为预设的温度并保持温度恒定。

3.3 结果与讨论

3.3.1 氨基酸离子液体分散前后的SBA-15的结构表征

我们合成出来的SBA-15材料的透射电镜如图3-2所示。在TEM图中，SBA-15孔的分布整齐有序，呈现出高度序列的二维六角纳米多孔结构。这些结构特点都对离子液体在这一支撑物上的高度分散更加有利，这将促使离子液体分子更多地位于表面区域而不是堆积在一起。SBA-15固体氨基酸离子液体前后的扫描电镜如图3-3所示，SBA-15具有纤维状的整体外观形貌。通过对图3-3（a）和图3-3（b）的比较可以看出，SBA-15颗粒之间原本明显的界限，因为部分离子液体附着于其表面而消失。氮气吸附解吸实验结果得到的各个吸附剂的孔径、孔容和比表面积如表3-1所示。随着氨基酸离子液体负载量的增加，所对应的吸附剂孔径、孔容和比表面积依次减小，证明离子液体已经被分散到这一纳米材料的孔道中。

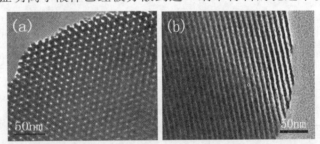

图3-2 （a）SBA-15的透射电镜图；（b）样品倾斜超过30°时得到的投射电镜图

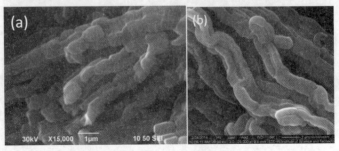

图3-3 氨基酸离子液体固载前后的SBA-15扫描电镜图：（a）SBA-15；（b）[C₄mim][Gly]（50 wt.%）/ SBA-15

表 3-1 氨基酸离子液体固载前后的 SBA-15 的结构表征结果

样品名称	比表面积 S_{BET}^a（m²/g）	孔容 V_{total}^b（cm³/g）	孔径 d_p^c（nm）
SBA-15	906	1.23	7.5
[C₄mim][Gly]（50 wt.%）/SBA-15	14.3	0.05	5.1
[C₄mim][Ala]（50 wt.%）/SBA-15	18.1	0.05	5.1
[C₄mim][Ser]（50 wt.%）/SBA-15	30.9	0.07	5.2
[C₄mim][Gly]（25 wt.%）/SBA-15	298	0.54	6.1
[C₄mim][Gly]（60 wt.%）/SBA-15	4.75	0.02	3.1
[C₄mim][Gly]（75 wt.%）/SBA-15	0.02	0	0

a 通过 BET 方法计算得出的 P/P_0 = 0.05～0.2 情况下的比表面积

b P/P_0 = 0.99 时得到的孔容值

c 由吸收支的实验数据通过 Barrett-Joyner-Halenda 方法计算得出的最可几孔。

3.3.2 氨基酸离子液体种类对 CO_2 吸收能力的影响

我们选取了三种不同的氨基酸离子液体，[C₄mim][Gly]、[C₄mim][Ala] 和 [C₄mim][Ser]，以 50 wt.% 的负载量分别分散到 SBA-15 上，来研究不同类型的氨基酸离子液体/SBA-15 体系对 CO_2 的吸收行为。它们在 25℃ 对 CO_2 的吸附-解吸等温线如图 3-4 所示，其具体数据被列于表 3-2 中。[C₄mim][Gly]、[C₄mim][Ala] 和 [C₄mim][Ser] 三种氨基酸离子液体负载的 [C₄mim][AA]（50 wt.%）/SBA-15 吸附剂对 CO_2 的吸收能力分别达到 2.03 mmol CO_2/g、1.97 mmol CO_2/g 和 1.33 mmol CO_2/g 吸附剂，即 0.87 mol/mol AAIL、0.90 mol/mol AAIL、0.65 mol/mol AAIL。[C₄mim][Gly]/SBA-15 表现出最好的吸收能力。一般认为，CO_2 吸收能力大于 1 mmol CO_2/g 吸附剂即有可能减少实际使用中 CO_2 分离吸收的费用。从整体吸收能力上来说，即使与其他新型的 CO_2 吸附剂相比，每克吸附剂吸收大约 2 mmol 的 CO_2 这样的吸收能力也丝毫不逊色。而从胺效率（amine efficiency）方面来说，几乎百分之百的胺利用率更是大大超过其他的那些聚合胺化合物（比如聚醚酰亚胺 PEI、四乙烯五胺 TEPA）负载以后的各类吸附剂。[C₄mim][Gly] 和 [C₄mim][Ala] 分散到 SBA-15 孔道中以后所呈现出来的非凡的碳捕集能力很好的验证了我们的设想。SBA-15独特的孔道结构将离子液体很好的分散到独立的孔道中，使得离子液体跟CO_2初始生成的氨基甲酸无法接近另外的胺基离子进一步反应，CO_2和氨基酸离子液体之间更趋向于发生等摩尔反应。

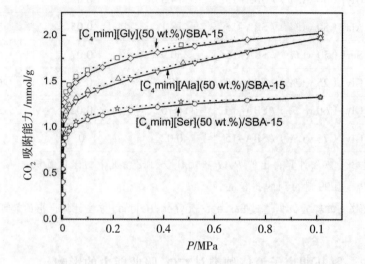

图3-4 不同类型的氨基酸离子液体/SBA-15的吸附-解吸等温线（[C_4mim][AA]负载量为50 wt.%）（吸附支：实线；解吸支：虚线；温度25℃）

表3-2 氨基酸离子液体固载的SBA-15对CO_2的吸收能力

样品	mmol CO_2/g 吸附剂	mol/mol AAIL	C/N
[C_4mim][Gly]（50 wt.%）/SBA-15	2.03	0.87	0.87
[C_4mim][Ala]（50 wt.%）/SBA-15	1.97	0.90	0.90
[C_4mim][Ser]（50 wt.%）/SBA-15	1.33	0.65	0.65
[C_4mim][Gly]（25 wt.%）/SBA-15	0.72	0.61	0.61
[C_4mim][Gly]（60 wt.%）/SBA-15	2.56	0.91	0.91
[C_4mim][Gly]（75 wt.%）/SBA-15	1.95	0.55	0.55

值得注意的是，与[C_4mim][Gly]和[C_4mim][Ala]表现出的对CO_2高吸收性能不同的是，[C_4mim][Ser]对CO_2的吸收能力明显较差。我们推测，这

种差异应该与离子液体的阴离子结构有关。我们知道，SBA-15 表面具有非常丰富的羟基结构，而 [C₄mim][Ser] 上的丝氨酸阴离子也具有同样的羟基基团。这使得 [C₄mim][Ser] 在 SBA-15 上的扩散能力大大降低，分散不够充分，导致相当大一部分 [Ser]⁻ 离子堆积在一起，从而使得 CO_2 更多的是通过生成氨基甲酸盐被吸收，吸收能力大大下降。

3.3.3 氨基酸离子液体负载量对 CO_2 吸收能力的影响

选取 [C₄mim][Gly] 为代表进一步研究了氨基酸离子液体在 SBA-15 上的负载量对其吸收 CO_2 能力的影响。我们制备了不同负载量的 [C₄mim][Gly]/SBA-15（25 wt.%，50 wt.%，60 wt.% 和 75 wt.%），进行 CO_2 吸收能力的测定，结果如图 3-5 所示。从图 3-5 可以看出，在压力为 0.1 MPa 时，离子液体负载量为 25 wt.%、50 wt.%、60 wt.% 和 75 wt.% 的 [C₄mim][Gly]/SBA-15 对 CO_2 的吸收分别可以达到 0.72、2.03、2.56 和 1.95 mmol CO_2/g 吸附剂，即 0.61 mol/mol AAIL、0.87 mol/mol AAIL、0.91 mol/mol AAIL 和 0.55 mol/mol AAIL。从以上数据可以看出，在离子液体固载量达到 60 wt.% 时的 [C₄mim][Gly]/SBA-15 体系对 CO_2 表现出最好的吸收能力，离子液体与 CO_2 反应的摩尔当量比也最接近 1：1。

按照之前提到的理论，在离子液体固载量为 25 wt.% 时，离子液体应该是更充分的被分散到 SBA-15 的丰富的孔道中（见图 3-3），生成氨基甲酸以后再进一步与附近胺基生成氨基甲酸盐的机会最小，也因此应该具有更高的反应摩尔比。但事实却好像并非如此。究其原因，发现氨基酸离子液体在被扩散到 SBA-15 中以后，前者上边的胺基会与后者丰富的表面羟基发生反应，从而导致部分胺基钝化失去活性。大量研究[85, 184-186]表明 SBA-15 表面的羟基基团会与固载到其上面的胺基基团通过反应（3-5）或（3-6）生成 $Si-O^-N^+H_3R$ 或 $Si-O^-N^+H_2R$，

$$Si-OH + RNH_2 \rightarrow Si-O^-N^+H_3R_2 \qquad (3-5)$$

$$Si-OH + R_2NH \rightarrow Si-O^-N^+H_2R_2 \qquad (3-6)$$

这直接导致了部分胺基基团失活而无法与 CO_2 反应。当 [C₄mim][Gly] 固载量只有 25 wt.% 时，相当大比例的胺基基团被消耗在与 SBA-15 表面羟基基团的反应上，使得只有部分胺基基团被利用进行碳捕集，导致了 [C₄mim][Gly]（25 wt.%）/SBA-15 体系对 CO_2 吸附能力很差。由表 3-1 可

以看出，SBA-15 在固载了 25 wt.% 的 [C₄mim][Gly] 以后，仍具有较大的比表面积（298 m²/g）和孔容（0.54 cm³/g）。由此可以看出，[C₄mim][Gly]（25 wt.%）/SBA-15 体系对 CO_2 的吸附量（0.72 mmol/g 吸附剂）是由化学吸附和物理吸附两部分所贡献的。

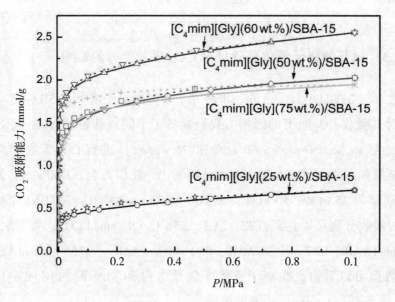

图 3-5　[C₄mim][Gly]/SBA-15 体系中不同 [C₄mim][Gly] 负载量对 CO_2 吸收能力的影响
（吸附支：实线；解吸支：虚线；温度：25℃）

当 [C₄mim][Gly] 固载量进一步增大时，比表面积（最大的为 16.7 m²/g）和孔容（最大为 0.05 cm³/g）大大降低，因此物理吸附作用几乎可以忽略不计。当 [C₄mim][Gly] 在 SBA-15 上的固载量达到 50 wt.% 时，能够用来捕集 CO_2 的胺基基团明显增加，除了一小部分因为与 SBA-15 表面羟基反应而失活的胺基外，大部分 [C₄mim][Gly] 被很好地分散到载体表面，1∶1 与 CO_2 发生反应达到等摩尔吸收。因此 [C₄mim][Gly]（50 wt.%）/SBA-15 对 CO_2 的吸收能力达到 2.03 mmol/g 吸附剂，离子液体与 CO_2 反应的摩尔当量比达到 0.87 mol/mol AAIL。随着 [C₄mim][Gly] 负载量增加到 60 wt.%，[C₄mim][Gly]（60 wt.%）/SBA-15 对 CO_2 的吸收能力也相应增加至 2.56 mmol/g 吸附剂，离子液体与 CO_2 反应的摩尔比增至 0.91 mol/mol AAIL。继续增加 [C₄mim][Gly] 负载量至 75 wt.%，[C₄mim][Gly]（75 wt.%）/SBA-15 对 CO_2 的吸收能力反而降低至 1.95 mmol/g 吸附剂。尽管与其它类型的碳捕集吸附剂相比，这一吸附能力仍具有一定的竞争性，但从胺基效率方面来说，胺效率大大下降，离

子液体与 CO_2 反应的摩尔比降至 0.55 mol/mol AAIL。从列于表 3-1 的吸附剂结构性质数据可以看出，吸附剂 [C_4mim][Gly]（75 wt.%）/SBA-15 的比表面积、孔容和孔径都已接近于 0，说明 SBA-15 的表面积已不足够这么多的 [C_4mim][Gly] 充分分散在其中，如图 3-6 所示。从图 3-6 可以看出，堆积在一起的 [C_4mim][Gly] 中的胺基相互之间非常接近，使得 CO_2 与胺基更倾向于以 1∶2 的摩尔比例反应生成氨基甲酸盐，因此大大降低了胺效率。除此之外，从图 3-6 中可以看出，与其他较低负载量时表现出来的解吸行为不同的是，[C_4mim][Gly]（75wt.%）/SBA-15 对 CO_2 的吸收曲线和解吸曲线中间存在一明显的回滞环，这种回滞现象应该是由于有较多的离子液体堆积在一起而导致在室温情况下（25℃）无法完全解吸导致的。

SBA-15　[C_4mim][Gly]25wt.%/SBA-15　[C_4mim][Gly]60wt.%/SBA-15　[C_4mim][Gly]75wt.%/SBA-15

：[C_4mim][Gly]　；　：$-NH_2$

图 3-6　[C_4mim][Gly]/SBA-15 体系中不同 [C_4mim][Gly] 负载量吸附剂的结构示意

3.3.4　温度对氨基酸离子液体吸收 CO_2 能力的影响

选取 [C_4mim][Gly]（60 wt.%）/SBA-15 为代表体系深入研究了温度对这种复合材料吸收 CO_2 能力的影响，结果如图 3-7 所示。从图 3-7 可以看出，在研究的温度范围内（25～70℃），CO_2 的吸收能力随着温度的升高而降低，在 25℃具有最高的吸收能力（2.56 mmol/g 吸附剂），在 75℃具有最低的吸收能力（1.37 mmol/g 吸附剂）。而且，CO_2 吸收能力与温度呈线性关系，R^2 为 0.9699[图 3-7（b）]。影响吸收能力的因素总体上分为两种，热力学因素和动力学因素。在较低温度下吸收能力较高这一结果应该归因于低温环境更有利于 CO_2 在氨基酸离子液体上吸收的热力学因素。尽管增加温度可以克服动力学阻力,更有利于 CO_2 分子从吸附剂表面进入到离子液体堆积区内层,但是从实验数据来看,动力学上的阻力并不是这个研究体系中起主导作用的因素。究其原因还是由于 SBA-15 独特的孔道结构和大比表面积,使得氨基酸离子液体在其孔道表面的分散较为充分,绝大多数离子液体没有堆积在一起,使得升高温度对动力学的促进效应无法体现在 CO_2 吸收能力的提高上。除此之外,温度升高以后离子液体黏度下降,使得位于表面区域的氨基酸离子液体流动性增加,更有利于第一步反应生成的氨基甲酸接触到另外的胺基基团反应生成氨基甲酸盐。因此,分散到 SBA-15 上的氨基酸离子液体会在反应温度为 25℃ 时表现出比 70℃ 明显优秀的吸收能力。

除此之外,我们根据阿伦尼乌斯(Arrhenius)方程计算了 CO_2 分子和分散到 SBA-15 上的 [C$_4$mim][Gly](60 wt.%) 之间的反应活化能,方程如下:

$$\ln(C_1/C_2) = \ln(k_1/k_2) = Ea/R\,(1/T_1 - 1/T_2) \tag{3-7}$$

此处,C_1 和 C_2 分别表示在 T_1 和 T_2 温度时的吸附量(mmol/g 吸附剂),R 的值为 8.314 J/(mol·K)。计算得到的反应活化能大约为 12 kJ/mol,而一般化学反应的活化能都处于 42~420 kJ/mol 范围内。通过分散处理以后离子液体与 CO_2 之间如此低的反应活化能,说明 CO_2 可以较为容易地与负载到 SBA-15 表面的氨基酸离子液体反应,并具有较高的反应速率,这一性质对实现它们在工业上的应用是十分有利的。

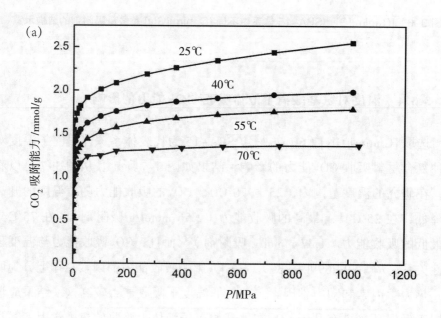

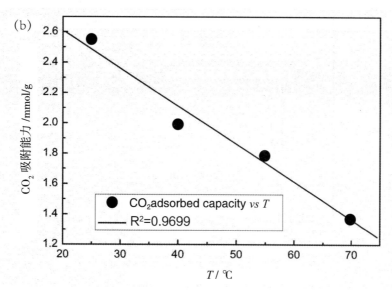

图 3-7 （a）[C₄mim][Gly]（60 wt.%）/ SBA-15 在不同温度的 CO_2 吸附等温线；（b） CO_2 吸附能力与温度的线性关系图

3.3.5 氨基酸离子液体吸收剂与 CO_2 反应的机理分析

为了进一步验证由实验结果得出的氨基酸离子液体吸收剂与 CO_2 反应的可能机理，我们对 [C₄mim][Gly]（60 wt.%）/SBA-15 与 CO_2 反应前后的样品做了衰减全反射傅立叶变换红外光谱（ATR-IR）和固体核磁表征，并进行了分析。

从全反射傅立叶变换红外光谱图（图 3-8）可以看出，反应前后的区别主要出现在 1550～1650 cm^{-1} 区域范围，这一范围恰好是胺基与羰基基团的信号响应区域。与 CO_2 反应后，在 1594 cm^{-1} 出现新的伸缩振动信号，推测应该是生成了 -NHCOO⁻ 或 -NHCOOH[182]。由于两者振动区域较为接近，仅仅根据 ATR-IR 表征无法推测生成物究竟是哪种。因此我们进一步对样品进行了核磁表征。

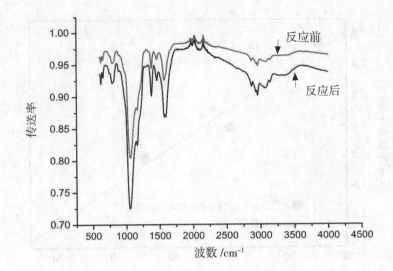

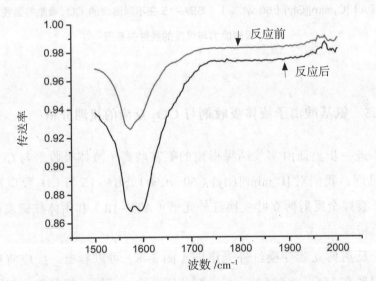

图 3-8　[C₄mim][Gly]（60 wt.%）/SBA-15 与 CO_2 反应前后的 ATR-IR 图谱（灰色为反应前；黑色为反应后）

首先从纯离子液体 [C₄mim][Gly] 的液体核磁图（图 3-9）可以看出，羰基在约 176 ppm 处有一明显的响应信号。继续对比反应前后的固体核磁图（图 3-10）发现在羰基的信号相应区域 176 ppm 处，反应后的吸附剂响应信号明显增加，证明有新的羰基生成。

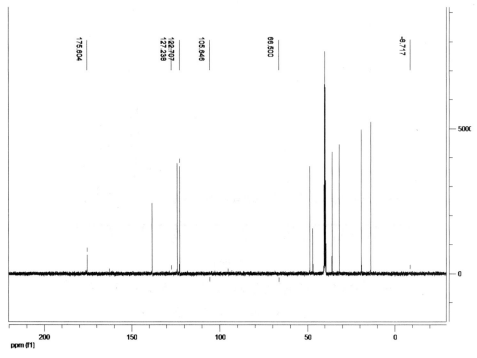

图 3-9　纯离子液体 [C₄mim][Gly] 的 ¹³C NMR 图

(a)

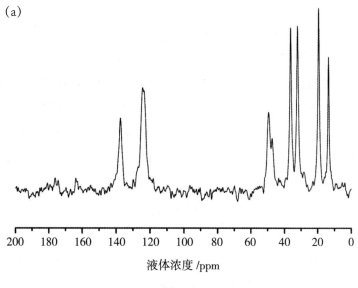

液体浓度 /ppm

图 3-10

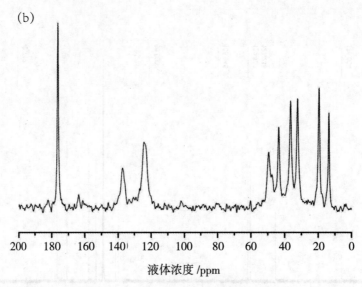

图 3-10 吸附剂 [C₄mim][Gly]（60wt.%）/SBA-15 的 ¹³C NMR 图：
(a) 反应前；(b) 反应后

3.3.6 氨基酸离子液体吸收剂的再生性能及稳定性研究

一种吸收剂想要在工业上实际被应用，必须具有经济实用性。因此它的稳定性及其再生性能是一个非常重要的决定性因素。为了测试分散到 SBA-15 上的氨基酸离子液体的稳定性，我们对 [C₄mim][Gly]（60wt.%）/SBA-15 进行了重复循环的吸收-解吸实验。在进行解吸前，采用热重分析法测定了这三种离子液体的热稳定性。在氮气气氛中，以 10℃/min 的升温速率将温度升至 600℃，结果如图 3-11 所示。从图 3-11 可以看出离子液体的外延起始分解温度均在 200℃以上，也就是说，在 200℃以下离子液体的物化性质是稳定的。但考虑到在温度较高时，离子液体的黏度会大大下降，从而增加其在载体上的流动性影响吸收效果，我们选取了 75℃作为再生温度。因此，我们在 75℃的温度体系中对 [C₄mim][Gly]（60 wt.%）/SBA-15 真空加热 6h，然后再测定吸附剂在 25℃时的吸收-解吸等温线，结果如图 3-12 所示。从图 3-12 可以看出，在五次吸收-解吸实验中，CO_2 在 [C₄mim][Gly]（60wt.%）/SBA-15 的吸收量几乎没什么变化，没出现下降的趋势。这表明将 [C₄mim][Gly] 分散到 SBA-15 上以后对 CO_2 的吸收是可再生并具有稳定性的。

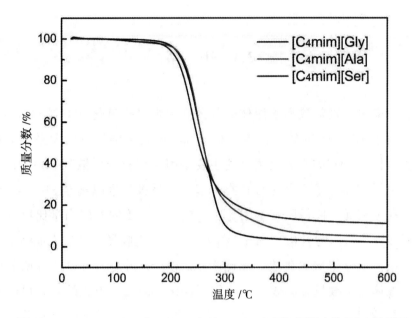

图 3-11　[C$_4$mim][Gly]（60 wt.%）/SBA-15 在氮气氛围中的 TGA 热重图

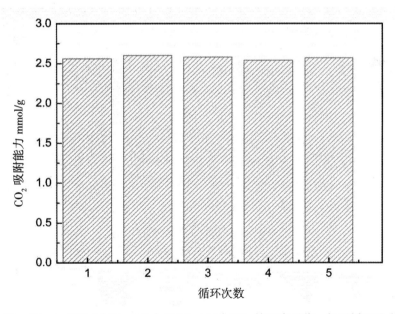

图 3-12　[C$_4$mim][Gly]（60 wt.%）/SBA-15 对 CO$_2$ 的五次吸收 - 解吸循环图（25℃），解吸条件为真空 75℃ 加热 6h

3.4 小 结

总的来说，氨基酸离子液体被分散到纳米多孔氧化硅材料SBA-15上以后，由于SBA-15的较大比表面积和独特的孔道结构，大大提高了氨基酸离子液体对CO_2的吸收能力。这主要是因为被充分分散到SBA-15的孔道中的离子液体分子不再是堆积在一起，而是被分别隔离至SBA-15独立的各个孔道表面，使得胺基基团与CO_2按照1∶1的摩尔当量比反应生成氨基甲酸，从而达到了0.91 mol CO_2/mol IL 的吸收量。核磁表征结果也进一步证明了氨基甲酸的生成。除此之外，CO_2吸附能力可以通过调节氨基酸离子液体的负载量和吸收温度而得到优化。而且，吸收的CO_2可以通过真空加热的解吸过程而得到完全释放。分散到SBA-15上的氨基酸离子液体在五次吸收-解吸的循环过程中性能稳定。这项研究提供了一种通过与固体纳米多孔材料联用使得氨基酸功能化离子液体等摩尔吸收CO_2的新方法，再加上它的稳定性和可再生性，使得它有可能大大促进离子液体碳捕集技术在工业上的实际应用。

第4章 大孔径和短通道层状胺功能化SBA-15材料高效可再生吸收CO_2研究

4.1 引言

在过去的几十年中,人们开发了大量二氧化碳捕集技术[10, 187-189],比如膜分离技术[190-192]和吸附吸收技术[193-195]。这些多种多样的碳捕集和储存技术中,在二氧化硅材料[196]、碳材料[197]和金属有机骨架(Metal Organic Frameworks,MOFs)[198]等多孔材料吸附剂上进行气相吸附技术,由于其经济性、无腐蚀性和环境友好性而成为研究的热点[199, 200]。

在现有的研究中,一般采用两种途径来寻找有效的多孔材料吸附剂:增大吸附材料的表面积以增加物理吸附能力或者通过化学修饰以增加其化学吸收能力[105, 201]。在这些多孔的吸附剂中,胺基功能化介孔氧化硅材料作为一种化学吸收固体材料,由于其可调的孔道结构和可控的表面化学性质受到了广泛关注。而且,CO_2可与固体材料上的胺基基团反应生成氨基甲酸或氨基甲酸酯[202],从而实现选择性吸收CO_2[203]。

根据胺基功能化合成方法的不同,胺基功能化介孔氧化硅材料可以被分为两类:①将富含胺基团的聚合物,如 PEI 和 TEPA,通过物理浸渍固载到介孔材料上[204, 205];②通过化学反应将有机胺接枝到纳米多孔上[206, 207]。尽管Ⅰ类吸附剂通常有更多的胺基浓度,但由于胺基基团和载体之间作用力很微弱,常常会出现胺泄漏现象。相比来说,第Ⅱ类的胺基团是通过共价键接枝到载体上,因此这类胺基功能化材料一般具有很高的热稳定性。此外,Ⅱ类胺基功能化材料因为具有更高的多孔性而具有更快的动力学反应速率[208]。

人们对一系列胺基嫁接的介孔氧化硅固体吸附剂如 SBA-15、SBA-16 和 MCM-41 进行了大量研究。与液胺相比,它们表现出更快的吸收动力学和更好的二氧化碳捕集能力。尽管如此,这类吸附剂仍然存在着一些需要解决的问题,例如吸收过程中存在着分子扩散阻力和空间易接近性方面的限制,这些都需要想办法从技术上解决,使吸附剂的吸收性能得到进一步改善。因此,人们围绕这些材料的形貌调控做了大量研究工作。最近,已经有研究证明,介孔氧化硅载体的颗粒形貌和孔径尺寸对二氧化碳捕集效果影响很大。比如,扩大介孔材料的孔径可以容纳更多的胺基,同时又可以在一定程度上避免分子扩散阻力[209]。比如，与传统的SBA-15和MCM-41相比，无论是通过浸渍法还是接枝法进行胺基功能化，扩孔以后的PE-SBA-15[209-211]和PE-MCM-41[212, 213]都表现出更高的胺基利用率和更好的碳捕集性能。除了孔径大小的影响以外，介孔氧化硅载体孔道行程的长短也是影响其吸附性能的一个重要影响因素，因为长的孔道行程不利于分子扩散和物料传递，而且沿着孔道容易发生孔阻塞现象。相比之下，短孔道行程更有利于分子的快速扩散和物料传递，使得它们在实际应用中更有优势。现有的研究中已经证明具有短行程孔道的介孔氧化硅材料在催化领域[214, 215]和酶固定领域[216, 217]表现出更优越的性能。目前，具有短行程通道的片状介孔硅材料的研究工作已经取得较大的进展。片状短通道介孔硅材料可以通过向溶液中添加表面活性剂、共溶剂[218]、电解质[219]或者有机硅烷试剂[220]合成得到。Heydari-Gorji[221]报道了具有短孔道的材料在CO_2吸收方面表现出比传统长孔道更好的吸收性能。但是，他们所研究的孔道长度对CO_2吸附性能的影响仅仅局限于通过浸渍法合成得到的Ⅰ类吸附剂，而没有对通过化学键结合的Ⅱ类吸附剂进行相关的研究。缩短介孔孔道长度和扩大孔径对CO_2吸收性能的促进作用启发我们开发一种新的高吸收、低能耗材料的途径，可以高效吸收CO_2并可以做到可逆吸收。

在本章节中，我们通过添加八水氯氧化锆（$ZrOCl_2 \cdot 8H_2O$）和扩孔剂三甲基苯（TMB），合成了具有短通道和大孔径的片状形貌的介孔氧化硅材料[222]。并用三种硅烷化试剂，3-氨基丙基三甲氧基硅烷（3-Aminopropyltrimethoxysilane，APTMS，99%），3-（2-氨基乙基氨基）丙基三甲氧基硅烷（3-（2-Aminoethyl）3-Aminopropyltrimethoxysilane，APAETMS，97%），3-[2-（2-氨基乙基氨基）乙基氨基]丙基-三甲氧基硅烷（3-[2-（2-Aminoethylamino）ethylamino]propyl-trimethoxysilane，APAEAETMS，97%）分别与其进行硅烷化反应，获得了具有不同个数胺位点（momo-，di-，tri-）的胺基功能化新型介孔硅材料（结构见图4-1）。除了考察对CO_2吸收能力以外，还深入研究了这些胺基功能化介孔硅材料的其他一些重要性能，如吸收选择性、再生性能和稳定性等。实验证明，具有大孔径和短通道的层状形貌可以给予吸附剂载体更多的胺负载量，并表现出更好的CO_2吸收性能，同时具有更好的CO_2/N_2选择性和良好的再生性能。为了更好地说明这种形貌的优越性，我们按照参考文献中的方法[223]同时合成了传统的纤维状SBA-15（以下简称为SBA-15-f）和它的胺基功能化吸附剂作为对比。

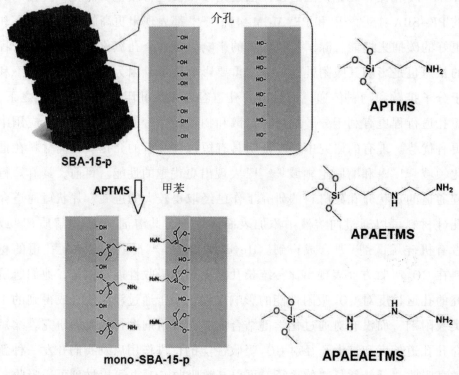

图 4-1 SBA-15-p 与 APTMS 合成路线及其 APTMS，APAETMS 和 APAEAETMS 的结构图

4.2 材料与方法

4.2.1 试剂

P123，TEOS（98%），APTMS（99%），APAETMS（97%），APAEAETMS（97%）和无水甲苯购自 Sigma-Aldrich 公司；八水氯氧化锆（$ZrOCl_2 \cdot 8H_2O$）和三甲基苯（TMB）购买于百灵威公司的 Acros 品牌；浓盐酸，36.5%（质量分数），购买于杭州化学试剂有限公司；其余均为化学纯，购买于国药集团化学试剂有限公司；CO_2（99.999%）和 N_2（99.99%）购买于北京普莱克斯公司。

4.2.2 吸附剂及其载体的制备

大孔径短通道层状 SBA-15 合成的具体实验操作如下：将 2.00 g P123 和 0.32 g $ZrOCl_2·8H_2O$ 加入到 80 mL 1.6 mol/L HCl 溶液中，放至磁力搅拌器上搅拌，直至 P123 完全溶解。然后称取 4.20 g TEOS 逐滴加入其中，放入 35℃水浴搅拌加热 30 min。然后再加入 1.00 g 扩孔剂 TMB，继续在 35℃水浴持续搅拌加热 20 h，出现大量凝胶。将所得混合物密封在反应釜中，在 90℃烘箱中静置水热反应 48 h。所得固体放至布氏漏斗中过滤，用去离子水清洗数次直至滤出水清澈为止，放在 50℃烘箱干燥过夜。最后得到的固体颗粒物放在马弗炉中以 5℃/min 的速度升温至 550℃并持续灼烧 8 h，即可得到大孔径层状形貌的 SBA-15，我们将其命名为 SBA-15-p。

传统的纤维状 SBA-15 具体实验操作过程如下：将 2.00 g 三嵌段共聚物 P123 加入到 80 mL 1.6 mol/L HCl 溶液中，放至磁力搅拌器上搅拌，直至 P123 完全溶解之后，将 4.20 g TEOS 逐滴加入，放入 35℃水浴搅拌加热 20 h，剩余操作同 SBA-15-p 的合成方法。得到的纤维状 SBA-15 我们将其命名为 SBA-15-f。

APTMS 对 SBA-15-p 和 SBA-15-f 改性时，将 1.0 gSBA-15-p 或者 SBA-15-f 分散于盛有 100 mL 无水甲苯的三颈瓶中，密封。抽真空充氮气，反复操作三次。在氮气保护氛围中常温下搅拌 30 min，并加入 10 mL APTMS 在 80℃搅拌加热回流 24 h。将得到的混合物抽滤，滤得的固体用无水甲苯洗涤数次，60℃真空干燥整夜。APAETMS 和 APAEAETMS 对 SBA-15-p 或者 SBA-15-f 的改性方法与以上相同。得到的样品分别记做 mono-SBA-15-p，di-SBA-15-p 和 tri-SBA-15-p，或 mono-SBA-15-f，di-SBA-15-f 和 tri-SBA-15-f。

4.2.3 吸附剂及其载体的表征

所制备样品的形貌用透射式电子显微镜（TEM）和扫描式电子显微镜（SEM）观察。将少量固体样品放至无水乙醇中超声使其充分分散，并滴至铜网上，固定于 2100 JEOL 仪器上在 200 kV 的操作电压下观察可得所测样品的 TEM 图像。SEM 图像为将少量固体样品涂到导电胶上放至样品台，用 Quanta 200 电子显微镜在 20kV 的操作电压下所得。并用 X 射线能谱分析仪 OXford Inca 250 验证 Zr 的存在。样品的氮气吸附-解吸等温线采用美国麦克公司（Micromeritics）ASAP 2020 物理化学吸附仪在 -196℃进行测定。测试前将样品分别在 90℃真空加热 8h，然后在液氮温度（-196℃）下进行测定。样品的比表面积和平均孔径分布由 BET 方程计算得到。总孔容由相对压力为 0.995 时的氮气吸附量计算。热重分析（TGA）采用德国耐驰（Netzsch）STA 449C 热重分析仪进行测定。所测样品在空气氛围中以 5℃/min 的加热速率从 25℃加热到 850℃。用 Bruker D8-ADVANCE X 射线衍射仪（XRD）分析所制备材料的晶型，使用 Cu 靶，$K\alpha_1$ 辐射源（λ =0.15406nm），石墨单色器，管电压为 45kV，管电流为 40mA。数据采集的范围为° 0.5°~5°，计数时间定为 5 s。

4.2.4 吸附剂上胺基基团负载量的测定

吸附剂上胺负载量通过热重分析仪测定的高温下的重量损失数据进行计算。以 mono-SBA-15-p 为例，具体计算过程如下：考虑到 SBA-15 上表面羟基的分布密度和空间分布特点，进行硅烷化反应的时候，1 个 APTMS 分子更可能是跟 2 个羟基基团反应而不是 3 个[224]，因此制备的吸附剂样品在高温下的重量损失应该是由两个 3-氨丙基和一个甲氧基基团的损耗引起的。我们将得到的重量减少数据按照这两者的比例计算出 3-氨丙基的量，即可知道负载上去的胺基基团中氮的含量。

4.2.5 CO_2 吸附-解吸装置

同第 3 章。

4.3 结果与讨论

4.3.1 吸附剂的结构和形貌表征

图 4-2 为 SBA-15-p 和 SBA-15-f 的扫描电镜图片。由图 4-2 可以看出 SBA-15-p 和 SBA-15-f 形貌之间存在的明显差异。与传统的纤维状 SBA-15-f[图 4-2（c）]相比，由于 Zr 的添加，SBA-15-p 呈现清晰的层状形貌 [（图 4-2（a）]。从图 4-2（d）的 SEM‑EDS 分析图中可以观察到 Zr 的强峰，证明了 Zr 的确被修饰到了介孔硅材料中。除此之外，从图 4-2（b）可以清晰地看出 SBA-15-p 的单独颗粒呈现出六棱柱的形貌，颗粒大小约为 12 μm，孔的通道行程大约为 200 nm [（图 4-2（b）]。同时，从图 4-3 显示的 SBA-15-p 的高分辨率投射电镜图片可以看出合成的 SBA-15-p 呈现出良好有序的六方孔道结构，扩孔剂 TMB 的添加使孔径有所扩大，但孔结构并没出现坍塌现象。

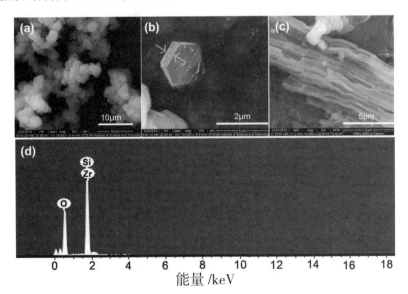

图 4-2 ：(a) SBA-15-p 颗粒的堆积形貌扫描电镜图，(b) SBA-15-p 单独颗粒的形貌扫描电镜图，(c) SBA-15-f 形貌扫描电镜图；(d) SBA-15-p 的 EDS 图

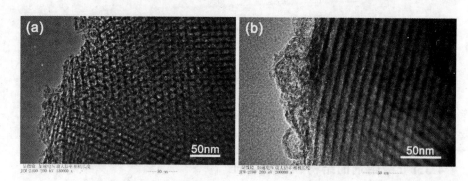

图4-3 （a）SBA-15-p的透射电镜图；（b）样品倾斜超过30°时得到的透射电镜图

SBA-15-p 和 SBA-15-f 以及它们对应的衍生吸附剂的结构用 XRD 和 N_2 物理吸附试验进行了测定。SBA-15-p 和 SBA-15-f 的小角衍射结果如图 4-4（a）所示。从图中可以看出 SBA-15-p 和 SBA-15-f 都明显呈现出（100），（110）和（200）三个平面的特征峰。使用 TMB 扩孔和 Zr 修饰以后的 SBA-15-p 仍然保留这些特征峰，说明 SBA-15-p 具有和传统 SBA-15-f 一样的二维六方结构，这与从 TEM 图像中看到的结构一致。除此之外，峰的强度在改形貌以后并没有太大的改变，说明孔结构在改形貌以后仍具有良好的有序性。但与此同时，我们可以从图 4-4（a）观察到，晶面峰的强度轻微向小角度偏移，这应该是由于孔径的增大所引起的[225]。另外，根据 Bragg 衍射方程：$2d\sin\theta = n\lambda$（θ 为衍射角（°），$\lambda=0.1541$ nm，d 为晶面间距 nm），衍射角减少说明晶面间距有所增加。由此证明，加入扩孔剂 TMB 合成得到的 SBA-15-p 孔径确实有所增大，这一结论与列于表 4-1 的 N_2 物理吸附实验结果相一致。

从图 4-4（b）中可以看出，mono-SBA-15-p 和 mono-SBA-15-f 具有和它们相应的载体基本相似的 XRD 峰形。不同的是，无论是对于 SBA-15-p 还是 SBA-15-f，胺基功能化以后的吸附剂晶面（110）和（200）的衍射峰都相应地变弱，这说明由于胺基基团在介孔中的填充使得孔道的有序性有所降低，证明了胺基基团被负载到了吸附剂的孔道内部。

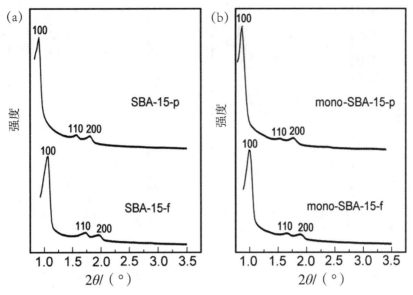

图 4-4 （a）SBA-15-p 和 SBA-15-f 的 XRD 图谱；（b）mono-SBA-15-p 和 mono-SBA-15-f 的 XRD 图谱

图 4-5（a）和 4-5（b）显示了两种吸附剂及其载体 SBA-15-p 和 SBA-15-f 的 N_2 吸附-脱附等温线（-196℃）。从图 4-5（a）可以看出，对于两种吸附剂载体，N_2 物理吸附-解吸等温线均表现出具有典型的平行的 H1 型迟滞环的 IV 型曲线，说明两者都具有有序的介孔结构。对于 SBA-15-f，样品在 P/P_0= 0.60 ~ 0.75 区间内有一明显的吸附突跃，这一突跃现象是由多层吸附后介孔中的毛细凝聚现象引起的；对于扩孔以后的 SBA-15-p，发生毛细凝聚现象的区间正移至 P/P_0= 0.70 ~ 0.95 之间，表明样品孔径变大，与 XRD 分析结果一致。将图 4-5（b）与图 4-5（a）相比较可以看出，与 SBA-15-p 和 SBA-15-f 相比，胺化以后的 mono-SBA-15-p 和 mono-SBA-15-f 的 N_2 吸附量显著减少。mono-SBA-15-p 和 mono-SBA-15-f 的 BET 比表面积分别为 100 m^2/g 和 406 m^2/g，远远低于 SBA-15-p（906 m^2/g）和 SBA-15-f（752 m^2/g）。胺化后的吸附剂的表面积的减少是由于接枝胺基基团使孔堵塞和重量增加引起的。mono-SBA-15-p 的表面积比胺化后的 mono-SBA-15-f 表面积小是由于在 mono-SBA-15-p 有更多的胺基基团。

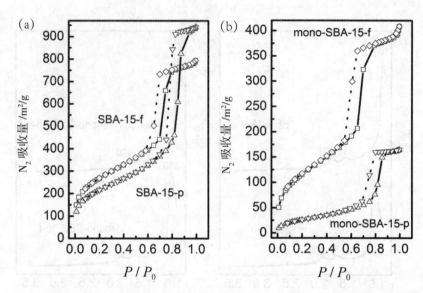

图 4-5 -196℃ 时的 N_2 吸附-解吸等温线：(a) SBA-15-p 和 SBA-15-f；(b) mono-SBA-15-p 和 mono-SBA-15-f（吸附支：实线；脱附支：虚线）

值得注意的是，上述胺接枝的二氧化硅吸附剂的表面积是用胺化的二氧化硅混合物以 $m^2/g\ amine\text{-}SiO_2$ 表示的。为了得到一个比较清晰的表面积对比，并排除由于胺的重量增加使表面积减少这一影响因素，胺接枝二氧化硅也可以基于二氧化硅的质量以 $m^2/g\ SiO_2$ 来表示。结合热重分析结果中获得的胺含量（mono-SBA-15-p 的胺基含量为 21.3 wt.%；mono-SBA-15-f 中胺基含量为 13.3 wt.%）的基础上，mono-SBA-15-p 的表面积为 $127 m^2/g\ SiO_2$，mono-SBA-15-f 的表面积为 $468\ m^2/g\ SiO_2$。这种表达形式的比较进一步证实了胺化的 SBA-15-f 接枝上了更多的胺基。

所有样品的 BET 比表面积、孔容和孔径的数据经过相关计算列于表 4-1。从表 4-1 可以看出，从整体上看，无论是对于 SBA-15-p 还是 SBA-15-f，随着与之反应的硅烷化试剂上胺基基团个数的增加，负载到上面的胺基含量也随之增加，导致胺功能化以后的吸附剂的 BET 比表面积、孔容和孔径都随之减少。对 SBA-15-p 和 SBA-15-f 来说，从图 4-6（a）的孔径分布图可以明显看出，最可几孔分别是 14.7 nm 和 7.5 nm [图 4-6（a）]，SBA-15-p 孔径明显增大。由于孔径变大，SBA-15-p 的比表面积（$752\ m^2/g$）与 SBA-15-f（$906\ m^2/g$）相比略有下降，与此同时，与 SBA-15-f 的孔容（$1.23\ cm^3/g$）相比，SBA-15-p 的孔容增加至 $1.46\ cm^3/g$。胺功能化以后，SBA-15-p 的比表面积急剧下降，从 $752\ m^2/g$ 急剧下降至 100 m²/g。下降幅度远大于从 SBA-15-f（906 m²/g）到 mono-SBA-15-f（406 m²/g）的变化。这一现象表明更多的胺基基团被固载到 mono-SBA-15-p 上。同时，胺功能化以后，mono-SBA-15-p 和 mono-SBA-15-f 的最可几孔分别是 12.2 nm 和 6.2 nm，其具体的孔径分布如图 4-6（b）所示。

表 4-1　吸附剂载体胺基功能化前后的结构表征

样品	比表面积，S_{BET}^a / m²/g	孔容，V_{total}^b / cm³/g	孔径，d_p^c / nm
SBA-15-p	752	1.46	14.7
mono-SBA-15-p	100	0.25	12.2
di-SBA-15-p	88	0.22	12.0
tri-SBA-15-p	47	0.18	11.7
SBA-15-f	906	1.23	7.5
mono-SBA-15-f	406	0.63	6.2
di-SBA-15-f	373	0.60	6.1
tri-SBA-15-f	318	0.54	6.0

a 通过 BET 方法计算得出的 P/P_0 = 0.05～0.2 情况下的比表面积。
b P/P_0 = 0.99 时得到的孔容值。
c 由吸收支的实验数据通过 Barrett-Joyner-Halenda 方法计算得出的最可几孔。

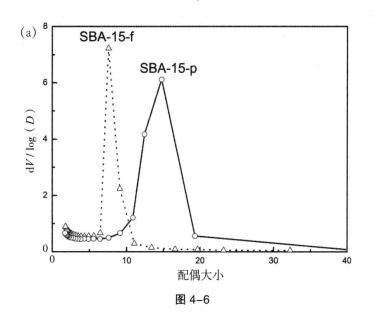

图 4-6

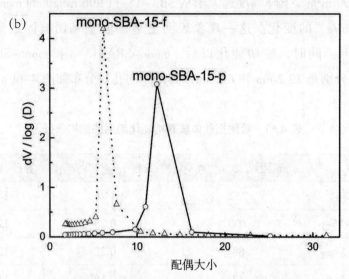

图 4-6 孔径分布图：（a）SBA-15-p 和 SBA-15-f；
（b）mono-SBA-15-p 和 mono-SBA-15-f

4.3.2 吸附剂载体形貌对胺负载量的影响

为确定胺化后的 SBA-15-p 和 SBA-15-f 接枝上的胺基量，我们将样品在空气气流下进行 TGA 分析。TGA 测量前，先将胺化后的 SBA-15-f 和 SBA-15-p 在氮气流中于 120℃下预热 2 h，以去除样品在室温空气中吸附的 CO_2 并使其在氮气流中保持在 100℃。以 mono-SBA-15-p 和 mono-SBA-15-f 为例，它们的热重分析（TGA）曲线如图 4-7 所示。对于这两种吸附剂，重量损失主要发生在 250℃和 650℃之间，这是由于接枝上去的胺完全降解引起的。mono-SBA-15-p 显示了 21.3% 的重量损失。mono-SBA-15-f 总重量损失为 13.3%。mono-SBA-15-f 和 mono-SBA-15-p 的重量损失之间的差异，表明接枝在 mono-SBA-15-p 上的胺基量超出 mono-SBA-15-f 60% 以上。

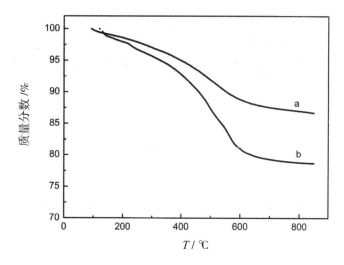

图 4-7 吸附剂载体在空气氛围中的 TGA 热重图：a 为 SBA-15-f，b 为 SBA-15-p

根据热重数据计算得到的所有吸附剂的胺基负载含量如表 4-2 所示。从表 4-2 可以看出，对于同一种吸附剂载体，随着胺基前驱物胺基基团个数的增加，合成所得吸附剂上负载的胺基基团含量也随着增加。比如，对于层状的 SBA-15-p 载体，所衍生的吸附剂 mono-SBA-15-p、di-SBA-15-p 和 tri-SBA-15-p 的胺基负载量分别为 2.37 mmol N/g、3.88 mmol N/g 和 5.90 mmol N/g 吸附剂。这是因为对于同一种吸附剂载体，用来接枝的表面羟基密度是不变的，在不考虑空间位阻的情况下，只与接枝所用试剂分子上的胺基基团个数有关。除此以外，我们还可以观察到，对于同一种胺基前驱物来说，无论是一元胺，二元胺，还是三元胺，大孔径和短通道的层状形貌使得 SBA-15-p 更适合分子扩散，空间位阻现象更少，所以比传统的 SBA-15-f 负载上更多的胺基基团。

表 4-2 胺基功能化的 SBA-15-p 和 SBA-15-f 作为 CO_2 吸附剂的性能比较

样品	胺基团的负载量 / mmol/g	CO_2 吸收量 / mmol/g (mmol m^{-2})	C/N[a] / mol/mol
mono-SBA-15-p	2.37	1.58 (1.58 × 10^{-2})	0.67
di-SBA-15-p	3.88	2.01 (2.28 × 10^{-2})	0.52
tri-SBA-15-p	5.90	2.67 (5.69 × 10^{-2})	0.45
mono-SBA-15-f	1.48	0.99 (0.24 × 10^{-2})	0.67

续表

样品	胺基团的负载量 / mmol/g	CO_2 吸收量 / mmol/g (mmol m^{-2})	C/N[a] / mol/mol
di-SBA-15-f	2.27	1.15（0.31×10^{-2}）	0.50
tri-SBA-15-f	3.56	1.23（0.39×10^{-2}）	0.34

[a] C/N 为 1.0g 吸附剂中每摩尔接枝上的胺基基团捕集到的 CO_2 的摩尔数。

4.3.3 吸附剂载体形貌对 CO_2 吸附能力的影响

表 4-2 中比较了这几种不同形貌和不同胺基基团个数的吸附剂对 CO_2 的吸收性能。从这些数据可以看出，SBA-15-p 衍生的吸附剂的吸收性能明显优于 SBA-15-f 的衍生吸附剂。比如，mono-SBA-15-p 的 CO_2 吸附性能为 1.58 mmol/g，而 mono-SBA-15-f 的吸附性能为 0.99 mmol/g。另外，我们还用 BET 比表面积作为基数计算了它们对 CO_2 吸收能力，发现 mono-SBA-15-p 的为 1.58×10^{-2} mmol m^{-2}，是 mono-SBA-15-f 对 CO_2 吸附能力（0.24×10^{-2} mmol m^{-2}）的 6.6 倍。

这些吸附剂对 CO_2 的吸收行为表现出来的另外的一个重要特点是，胺基基团负载量越大，对 CO_2 的吸收能力越好。比如，胺的前驱物从一元胺变为三元胺时，胺基功能化以后的 SBA-15-p 吸附剂对 CO_2 的吸附能力从 1.58 mmol/g（mono-SBA-15-p）增加到 2.67 mmol/g（tri-SBA-15-p）；胺基功能化以后的 SBA-15-f 吸附剂对 CO_2 的吸附能力从 0.99 mmol/g（mono-SBA-15-f）增加到 1.23 mmol/g（tri-SBA-15-f）。令我们感到惊奇的是，将胺前驱物从 APTMS 改变为 APAEAETMS，氨功能化以后的 SBA-15-p 对 CO_2 的吸收量增加了 68%，而氨功能化以后的 SBA-15-f 对 CO_2 的吸收量值仅增加了 23%。这表明前者因为具有更小的质量传递阻碍使其对 CO_2 的吸收更容易、更高效。

除此之外，为了研究负载上去的胺基基团的利用效率，我们定义了吸附剂中每摩尔胺基基团捕集到的 CO_2 的摩尔数以 C/N 来表示并列于表 4-2。但是，这里需要指出的是，C/N 值并不等同于胺的利用效率，因为吸附剂对 CO_2 的吸收是由两部分组成的，除了胺基基团对 CO_2 的化学吸收以外，还有比表面积对 CO_2 的物理吸附作用也不容忽视。因为胺基功能化以后的 SBA-15-f 吸附剂具有更大的比表面积，物理吸附作用更大，所以，很明显，层状形貌的SBA-15-p衍生吸附剂具有更高的胺效率。

4.3.4 CO_2 等温线

在25℃温度条件下，mono-SBA-15-p和mono-SBA-15-f对CO_2的吸附等温线如图4-8所示。从这两种吸附剂的等温线可以看出，在压力小于0.1bar时等温线急剧升高，压力在0.1～1bar时增加缓慢。胺化的SBA-15在低压力下的CO_2吸附等温线显示的高吸附性能和急剧改变的性质，普遍认为是CO_2与伯胺基团（-NH_2）发生化学反应引起的，即一个CO_2分子和两个胺基形成一个两性离子的氨基甲酸酯（或$CO_2/NH_2 = 0.5$）[226]。超越"拐点"从0.1～1bar压力范围内等温线进一步缓慢增加是由于胺化以后的SBA-15对CO_2的物理吸附引起的。值得一提的是，mono-SBA-15-p和mono-SBA-15-f对CO_2的吸收能力之间的主要区别发生在压力小于0.1bar时的吸收，这表明mono-SBA-15-p的高CO_2吸附能力主要是由于较高的胺加载量引起的。除此之外，对于mono-SBA-15-f，尽管与mono-SBA-15-p所表现出的C/N比相同，但不同的是，mono-SBA-15-f对CO_2接近一半的吸附量是由于其较大的比表面积带来的物理吸附引起的，而mono-SBA-15-p大多数是由化学吸附贡献的。

此外，由表4-2可以看出，mono-SBA-15-p样品胺负载量达到了2.37mmol/g，是mono-SBA-15-f（1.48 mmol/g）的1.6倍。假设接枝上去的胺基在0.1bar时已经全部消耗完，此时mono-SBA-15-p吸附剂吸收的CO_2量（1.30 mmol/g）是mono-SBA-15-f（0.55 mmol/g）的2.4倍。以上分析说明大孔径和短通道的层状结构不仅可以增加胺负载量，更可以促进胺的利用效率以增大对CO_2的吸收量。深入分析的话，会发现mono-SBA-15-p在吸附等温线拐点附近（0.1bar）的CO_2吸附量与-NH_2负载量的比值（我们将此定义为胺效率，以下都简称为胺效率）接近0.5，与氨基甲酸酯形成机制相同。说明大孔径和短孔道的层状结构更有利于CO_2分子扩散，提供了足够的空间保证处于内层的胺被利用，避免了空间位阻效应，使得负载到载体SBA-15-p上的绝大多数胺的位点都是可利用的。与此同时，mono-SBA-15-f的胺效率仅仅为0.27，大大低于理论值，这应该是位于长孔道内部的一部分胺位点由于孔阻塞、分子扩散受阻或者空间位阻等问题而无法被利用导致的。

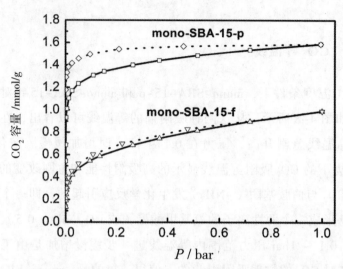

图 4-8 mono-SBA-15-p 和 mono-SBA-15-f 在 25℃时的 CO_2 吸附 – 解吸等温线

（吸附支：实线；脱附支：虚线）

考虑到烟气中 CO_2 浓度接近 15%，我们比较了压力为 0.15 bar 时两者的吸附量。在 0.15bar 时，mono-SBA-15-p 的 CO_2 吸附能力（1.34 mmol/g）高于 mono-SBA-15-f（在 0.15bar 时 0.60mmol/g）55% 以上。此外，接枝的介孔硅材料的 CO_2 吸附能力也可以以 BET 比表面积来表示。压力为 0.15bar 时，基于吸附剂比表面积的 CO_2 吸附量分别为 1.09×10^{-2} mmol m^{-2}（mono-SBA-15-p）和 0.48×10^{-2} mmol m^{-2}（mono-SBA-15-f）。

我们知道，吸附剂的高容量和陡峭的 CO_2 等温线有利于对 CO_2 吸附。然而，陡峭的 CO_2 等温线也意味着吸附剂再生需要非常低的分压力。从 mono-SBA-15-p 的 CO_2 脱附等温线可以明显看出（图 4-8），所吸附的 CO_2 在常温下通过降压脱附时，CO_2 吸附和解吸等温线之间有明显的滞后作用。这是由 CO_2 和胺基团之间存在的较强的作用力造成的，需要更多的能量才能破坏这种键合力[227, 228]。同时也说明在室温下 CO_2 无法完全被脱附。因此，吸附剂完全再生需要在升高温度条件下用惰性气体吹扫或者真空加热才行。

4.3.5 温度对 CO_2 吸附性能的影响

我们测定了吸附剂 mono-SBA-15-p 在 25℃、35℃和 50℃时的 CO_2 吸附等温线，以研究温度对 CO_2 吸收性能的影响，结果如图 4-9 所示。从图

4-9可以看出,随着吸附温度的增加,吸附剂对 CO_2 吸收能力下降。比如,在1bar时,25℃、35℃、50℃温度条件下,mono-SBA-15-p 对 CO_2 的吸收能力分别为1.59 mmol/g、1.46 mmol/g 和 1.35 mmol/g。在低压条件下(比如0.1bar),温度对吸收能力的影响非常小,这主要是因为在这个条件下主要是吸附剂上负载的胺基基团和 CO_2 发生化学反应而表现出的化学吸收能力,所以数值非常接近。在较高压力下吸附能力出现明显的不同,主要是由于温度不同带来的有差异的物理吸收能力引起的。

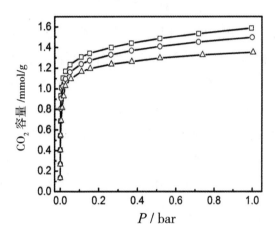

图 4-9 mono-SBA-15-p 在不同温度的 CO_2 吸附等温线:
25℃(□),35℃(○) 和 50℃(△)

4.3.6 CO_2 吸附焓变

根据25℃、35℃和50℃时的 CO_2 吸附等温线,我们根据 Ritter 提出的模型[229]计算了 mono-SBA-15-p 对 CO_2 的吸附焓变 ΔH_r。这个模型假设接枝上去的胺基基团不是与气相中的自由 CO_2 分子反应,而是与已经被物理吸附到吸附剂表面的 CO_2 分子反应。这种化学吸附 CO_2 的过程可以用 Langmuir 方程描述:

$$q_{CO_2} = \frac{kP_{CO_2}N}{1+kP_{CO_2}} \quad (4-1)$$

其中

$$k = \frac{k_f k_H}{k_b} = k_0 \exp\left(-\frac{\Delta H_r}{RT}\right) \quad (4-2)$$

这里 q_{CO_2} 是吸附剂对 CO_2 的化学吸附量，P_{CO_2} 是气相中的 CO_2 分压，N 是反应位点的总个数，k 是 CO_2 与吸附剂之间的亲和系数，k_f 和 k_b 分别是反应前后的动力学常数，k_H 是物理吸附 CO_2 的亨利常数。T 为温度（K），R 为气体常数（8.315 J/(K·mol)）。

为了得到 mono-SBA-15-p 对 CO_2 的吸附焓变值 ΔH_r，公式（4-1）可以表示为公式（4-3）：

$$\frac{P_{CO_2}}{q_{CO_2}} = \frac{1}{kN} + \frac{1}{N} P_{CO_2} \tag{4-3}$$

我们用 P_{CO_2}/q_{CO_2} 对 P_{CO_2} 做图并线性拟合如图 4-10(a) 所示，式（4-3）中的 k 值可以从线性拟合得到的斜率和截距计算得到。再利用公式（4-2）即可得到 mono-SBA-15-p 对 CO_2 的吸附焓变 ΔH_r 值为 -69 kJ/mol。据之前的研究报道，其它胺修饰的纳米硅材料的吸附焓变为 45 ~ 95 kJ/mol[26, 230-232]，而那些没经过修饰的纳米二氧化硅材料，沸石和 MOFs 材料仅靠物理吸附作用吸收 CO_2，吸附焓变范围为 30 ~ 50 kJ/mol[26, 233, 234]。与这些参考值相比可以看出，CO_2 在 mono-SBA-15-p 上的吸附机理不是在 SiO_2 表面的物理吸附而是胺基基团的化学吸附。

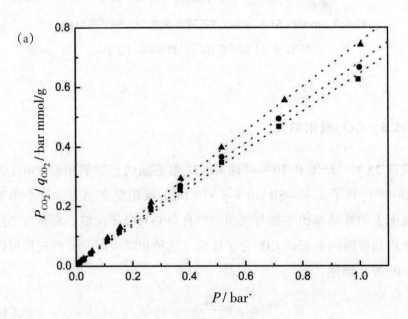

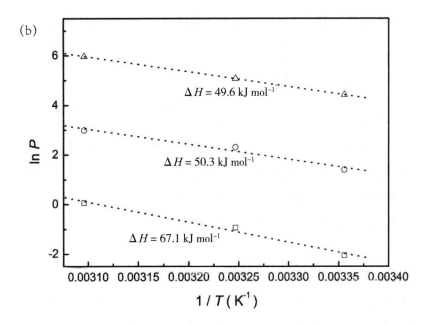

图 4-10 （a）CO_2 分压与 mono-SBA-15-p 对 CO_2 吸附量 q 的关系图：25℃（■），35℃（●），50℃（▲），图中虚线为公式（4-3）线性拟合所得；（b）mono-SBA-15-p 对 CO_2 吸附量 q = 0.55 mmol/g（□），1.00 mmol/g（○）和 1.30 mmol/g（△）时 $\ln P$ 随 $1/T$ 的变化图，图中虚线为克劳修斯-克拉佩龙方程在吸附量 q 时的线性拟合所得

同时，我们用以下的克劳修斯-克拉佩龙方程计算了吸附剂 mono-SBA-15-p 对 CO_2 的单位吸附量的焓变 ΔH_q，

$$\ln P_q = \frac{\Delta H_q}{RT} + C \qquad (4-4)$$

式（4-4）中，P_q 表示在吸附量为 q 时的压力，C 在这里为一常数。用同等吸附量时所对应的 $\ln P$ 与 $1/T$ 作图，线性拟合后所对应的斜率即为这一吸附量时的等容吸附焓变。用克劳修斯-克拉佩龙方程得到的不同吸附量时的拟合曲线如图 4-10（b）所示。从图中我们可以看出，对于不同吸附量时的 $\ln P$ 与 $1/T$ 之间均呈现出良好的线性关系。拟合得到的等容吸附焓变随着吸附量的增加而降低，从 67.1 kJ/mol（q = 0.55 mmol g^{-1}）降到 50.3 kJ/mol（q = 1.0 mmol/g）和 49.6 kJ/mol（q = 1.3 mmol/g）。

一般来说，由于表面的不均一性，吸附焓变会随着吸附质量的增加而减少。也就是说，吸附点位的活性越高，吸附焓越大。在本研究中，吸附量较少时（比如 0.55 kJ/mol），CO_2 可以较为容易地被吸附。随着 CO_2 吸附量的增加,可利用的吸附点位随着减少。这种情况下,CO_2 分子需要进入到位于孔道结构中相对不易到达的地方被吸附,这使得吸附焓变减少。

4.3.7 CO_2/N_2 选择性

吸附剂的选择性是吸附剂的重要性能,为了进一步考察制备的材料对常见气体的吸附选择性,我们测定了在 25℃ mono-SBA-15-p 和 mono-SBA-15-f 对 N_2 的吸附等温线,并与相应的 CO_2 吸附等温线进行比较,以研究吸附剂载体形貌对 CO_2/N_2 选择性的影响,如图 4-11 所示。

从图 4-11 可以看出,在温度为 25℃,压力为 1 bar 的条件下,mono-SBA-15-p 和 mono-SBA-15-f 对 N_2 吸附量分别为 0.0094 mmol/g 和 0.027 mmol/g。mono-SBA-15-p 呈现出明显高于 mono-SBA-15-f(37)的 CO_2/N_2 选择性(169)。从电力厂出来的烟气中(其中一般含有大约 70% N_2 和大约 15% CO_2[235])CO_2 分压大约为 0.15 bar,因此我们又对 0.15bar 时两种吸附剂的 CO_2/N_2 选择性进行了比较。我们发现 0.15 bar 时,mono-SBA-15-p 的 CO_2/N_2 吸附选择性增加至 914,而 mono-SBA-15-f 仅仅增加至 141。这些对比数据说明大孔径和短通道的层状结构大大增强了吸附剂对 CO_2/N_2 吸附选择性,尤其是在低压条件下。

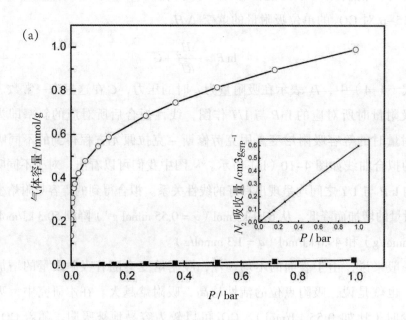

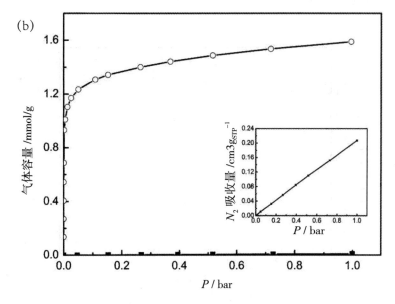

图 4-11　CO_2（○）和 N_2（■）在 25℃的吸附等温线：（a）mono-SBA-15-p；（b）mono-SBA-15-f，插入图为 N_2 的吸附等温线

4.3.8　吸附剂的再生性能和稳定性

吸附剂使用过程中的稳定性是其在实际碳捕集应用中的一个决定性因素。为了评价本文制备的这种新型吸附剂的稳定性，我们选取 mono-SBA-15-p 为代表对 CO_2 进行了循环吸附-解吸实验，结果如图 4-12 所示。每次吸附操作以后的 mono-SBA-15-p 样品在 90℃真空加热 8 h，十次的吸附-解吸循环后的 mono-SBA-15-p 对 CO_2 吸附等温线和初始的吸附等温线进行比较，几乎完全重合[图 4-12（a）]。从图 4-12（b）可以看出，十次循环使用过程中的吸附能力和第一次几乎没区别，这说明 mono-SBA-15-p 作为吸附剂具有良好的稳定性。

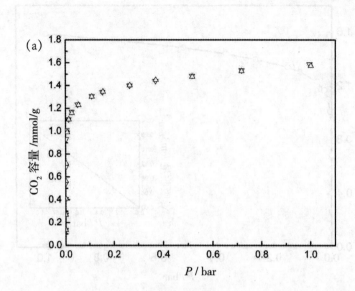

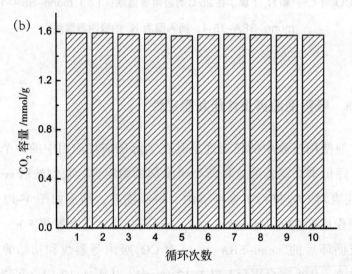

图 4-12 （a）mono-SBA-15-p 初次使用（△）与循环十次以后（▽）的 CO_2 吸附等温线（25℃）；（b）mono-SBA-15-p 十次循环中的 CO_2 吸附量（25℃）

4.4 小　结

　　本章研究通过改变吸附剂载体的形貌，扩大孔径和缩短孔道长度，使得层状的介孔二氧化硅载体胺基功能化以后可以高效可逆地吸收 CO_2。与传统的纤维状 SBA-15 胺基功能化以后的吸附剂相比，表现出更好的吸附性能。层状形貌可以增加接枝上去的胺基负载量，并提高胺基利用效率，大大增加了 CO_2 吸收能力，并直接导致对 CO_2/N_2 的选择性的大幅增加。CO_2 在一元氨基硅烷试剂修饰的吸附剂上的吸附焓变表明是化学吸附作用占主导地位。而且，捕获的 CO_2 可以通过真空加热释放出来，吸附剂在 10 次吸附-解吸循环以后仍然十分稳定。高的 CO_2 吸附能力、高的 CO_2/N_2 吸附选择性和良好的稳定性使得这种吸附剂有望于在工业上被应用。

参考文献

[1] Hongqun, Yang, Zhenghe, Maohong, Rajender, Gupta, Rachid, Slimane, Alan, Bland.Progress in carbon dioxide separation and capture: A review[j]. 环境科学学报（英文版）, 2008, 20: 14-27.

[2] C. Song. Global challenges and strategies for control, conversion and utilization of CO_2 for sustainable development involving energy, catalysis, adsorption and chemical processing [J]. Catalysis Today, 2006, 115: 2-32.

[3] A. Milazzo, R. Carapellucci. Membrane systems for CO_2 capture and their integration with gas turbine plants[J]. Archive proceedings of the Institution of Mechanical Engineers Part A Journal of Power Engineering, 2003, 217: 505-517.

[4] B. Netz, O.R. Davidson, P.R. Bosch, R. Dave, L.A. Meyer. Climate change 2007: Mitigation. Contribution of Working Group III to the Fourth Assessment Report of the Intergovernmental Panel on Climate Change[J]. Computational Geometry, 2007, 18: 95-123.

[5] Y.C. Chiang, P.C. Chiang, C.P. Huang. Effects of pore structure and temperature on VOC adsorption on activated carbon [J]. Carbon, 2001,39: 523-534.

[6] S. Roosa, A. Jhaveri. CARBON REDUCTION [M]. Indian Trail: FAIRMONT PRESS, 2009.

[7] F. Shi, Y. Deng, T. Sima, J. Peng, Y. Gu, B. Qiao. Alternatives to phosgene and carbon monoxide: synthesis of symmetric urea derivatives with carbon dioxide in ionic liquids [J]. Angewandte Chemie, 2003, 34: 32-57.

[8] J. Peng, Y. Deng. Cycloaddition of carbon dioxide to propylene oxide catalyzed by ionic liquids [J]. New Journal of Chemistry, 2001, 25: 639-641.

[9] G. Yu, S. Zhang, G. Zhou, X. Liu, X. Chen. Structure, interaction and property of amino - functionalized imidazolium ILs by molecular dynamics simulation and Ab initio calculation[J]. Aiche Journal, 2010, 53: 3210-3221.

[10] K. Sumida, D.L. Rogow, J.A. Mason, T.M. McDonald, E.D. Bloch, Z.R. Herm, T.-H. Bae, J.R. Long. Carbon Dioxide Capture in Metal - Organic Frameworks[J]. Chemical Reviews, 2012, 112: 724-781.

[11] A.V. And, P. Tontiwachwuthikul, A. Chakma. Investigation of Low-Toxic Organic Corrosion Inhibitors for CO2 Separation process Using Aqueous MEA Solvent[J]. Ind.eng.chem.res, 2001, 40: 4771-4777.

[12] A.B. And, R.O. Idem. Comprehensive Study of the Kinetics of the Oxidative

Degradation of CO_2 Loaded and Concentrated Aqueous Monoethanolamine (MEA) with and without Sodium Metavanadate during CO_2 Absorption from Flue Gases[J]. Industrial & Engineering Chemistry Research, 2006, 45: 2569-2579.

[13] J.R. Li, R.J. Kuppler, H.C. Zhou. Selective gas adsorption and separation in metal-organic frameworks[J]. Chemical Society Reviews, 2009, 38: 1477-1504.

[14] J. Liu, P.K. Thallapally, B.P. McGrail, D.R. Brown, J. Liu. Progress in adsorption-based CO_2 capture by metal-organic frameworks[J]. Chemical Society Reviews, 2012, 41: 2308-2322.

[15] S. Kazama, T. Teramoto, K. Haraya. Carbon dioxide and nitrogen transport properties of bis (phenyl) fluorene-based cardo polymer membranes[J] Journal of Membrane Science, 2002, 207: 91-104.

[16] M. Sandru, T.J. Kim, M.B. Hägg. High molecular fixed-site-carrier PVAm membrane for CO_2 capture[J]. Desalination, 2009, 240: 298-300.

[17] F. Barzagli, V.M. Di, F. Mani, M. Peruzzini. Improved solvent formulations for efficient CO_2 absorption and low-temperature desorption[J]. Chemsuschem, 2012, 5: 1724-1731.

[18] 夏明珠, 严莲荷, 雷武, 等. 二氧化碳的分离回收技术与综合利用 [J]. 现代化工, 1999, 19: 46-48.

[19] D.C. White, B. Strazisar, E. Granite, J. Hoffman, H. Pennline. Separation and Capture of CO_2 from Large Stationary Sources and Sequestration in Geological Formations- Coalbeds and Deep Saline Aquifers[J]. Journal of the Air & Waste Management Association, 2003, 53: 645-715.

[20] J.N. Knudsen, J.N. Jensen, P.-J. Vilhelmsen, O. Biede. Experience with CO_2 capture from coal flue gas in pilot-scale: Testing of different amine solvents[J]. Energy Procedia, 2009, 1: 83-790.

[21] L. Dubois, D. Thomas. CO_2 Absorption into Aqueous Solutions of Monoethanolamine, Methyldiethanolamine, Piperazine and their Blends[J]. Chemical Engineering & Technology, 2010, 32: 710-718.

[22] A. Chen, Y. Yu, H. Lv, Y. Wang, S. Shen, Y. Hu, B. Li, Y. Zhang, J. Zhang. Thin-walled, mesoporous and nitrogen-doped hollow carbon spheres using ionic liquids as precursors [J]. Journal of Materials Chemistry A, 2012, 1: 1045-1047.

[23] J.M.G. Amann, C. Bouallou. A new aqueous solvent based on a blend of

N-Methyldiethanolamine and triethylene tetramine for CO_2 recovery in post-combustion: Kinetics study. Energy Procedia, 2009, 1: 901–908.

[24] R.V. Siriwardane, M.S. Shen, E.P.F. And, J.A. Poston. Adsorption of CO_2 on Molecular Sieves and Activated Carbon[J]. Energy Fuels, 2001, 15: 279–284.

[25] Z. Zhang, S. Huang, S. Xian, H. Xi, Z. Li. Adsorption Equilibrium and Kinetics of CO_2 on Chromium Terephthalate MIL-101[J]. Energy & Fuels, 2011, 25: 835–842.

[26] M.R. Mello, D. Phanon, G.Q. Silveira, P.L. Llewellyn, C.M. Ronconi. Amine-modified MCM-41 mesoporous silica for carbon dioxide capture[J]. Microporous & Mesoporous Materials, 2011, 143: 174–179.

[27] J. Zhang, J. Lu, W. Liu, Q. Xue. Separation of CO_2 and CH_4 through two types of polyimide membrane [J]. Thin Solid Films, 1999, 340: 106–109.

[28] 郑修新,张晓云,余青霓,等. CO_2 吸收材料的研究进展[J]. 化工进展, 2012, 34: 360–366.

[29] J. Przepiorski, M. Skrodzewicz, A.W. Morawski. High Temperature Ammonia Treatment of Activated Carbon for Enhancement of CO_2 Adsorption[J]. Applied Surface Science, 2004, 225: 235–242.

[30] 叶青,张瑜,李茗,等. 改性碳纳米管常温下吸附分离低浓度 CO_2[J]. 物理化学学报, 2012, 28: 1223–1229.

[31] J.C. Fisher, R.V. Siriwardane, R.W. Stevens. Zeolite-Based Process for CO_2 Capture from High-Pressure, Moderate-Temperature Gas Streams[J]. Industrial & Engineering Chemistry Research, 2011, 50: 13962–13968.

[32] P.J.E. Harlick, F.H. Tezel. Equilibrium Analysis of Cyclic Adsorption Processes: CO_2 Working Capacities with NaY[J]. Separation Science & Technology, 2005, 40: 2569–2591.

[33] Y. Zou, V. Mata, A.R.E. Rodrigues. Adsorption of carbon dioxide at high temperature—a review[J]. Separation & Purification Technology, 2002, 26: 195–205.

[34] J. Zhao, F. Gao, Y. Fu, W. Jin, P. Yang, D. Zhao. Biomolecule separation using large pore mesoporous SBA-15 as a substrate in high performance liquid chromatography[J]. Chemical Communications, 2002, 7: 752–753.

[35] Y. OM, O.K. M, O. NW, C. HK, E. M, K. J. Reticular synthesis and the design of

new materials[J] Nature, 2003, 423: 705-714.

[36] P. KS, N. Z, C.t. AP, C. JY, H. R, U.-R. FJ, C. HK, O.K. M, Y. OM. Exceptional chemical and thermal stability of zeolitic imidazolate frameworks[J]. Proceedings of the National Academy of Sciences of the United States of America, 2006, 103: 10186-10191.

[37] Gérard Férey. Hybrid porous solids: past, present, future[J]. Chemical Society Reviews, 2008, 37: 191-214.

[38] F. G, L. M, S. C, M. F, L. T, P.-G. A. Hydrogen adsorption in the nanoporous metal-benzenedicarboxylate M（OH）（$O_2C-C_6H_4-CO_2$）（M = Al^{3+}, Cr^{3+}）, MIL-53[J]. Chemical Communications, 2003, 37: 2976-2977.

[39] S. Kitagawa, R. Kitaura, S. Noro. Functional porous coordination polymers[J]. Angewandte Chemie, 2010, 35: 2334-2375.

[40] B. Arstad, H. Fjellvåg, K.O. Kongshaug, O. Swang, R. Blom. Amine functionalised metal organic frameworks（MOFs）as adsorbents for carbon dioxide[J]. Adsorption-journal of the International Adsorption Society, 2008, 14: 755-762.

[41] S. Couck, J.F. Denayer, G.V. Baron, T. Rémy, J. Gascon, F. Kapteijn. An amine-functionalized MIL-53 metal-organic framework with large separation power for CO_2 and CH_4[J]. Journal of the American Chemical Society, 2009, 131: 6326-6327.

[42] M. Eddaoudi, D.B. Moler, H. Li, B. Chen, T.M. Reineke, M. O'Keeffe, O.M. Yaghi. Modular Chemistry: Secondary Building Units as a Basis for the Design of Highly Porous and Robust Metal-Organic Carboxylate Frameworks[J]. Accounts of Chemical Research, 2001, 34: 319-330.

[43] G. Férey, C. Mellot-Draznieks, C. Serre, F. Millange. Crystallized frameworks with giant pores: are there limits to the possible?[J]. Accounts of Chemical Research, 2005, 36: 217-225.

[44] B.F. Hoskins, R. Robson. Infinite polymeric frameworks consisting of three dimensionally linked rod-like segments. Journal of the American Chemical Society, 1989, 111: 5962-5964.

[45] H. Li, M. Eddaoudi, M. O'Keeffe, O.M. Yaghi. Design and synthesis of an exceptionally stable and highly porous metal-organic framework[J]. Nature, 1999, 402: Sonochemical. 276-279.

[46] 魏文英. 新型金属有机骨架的合成、结构表征及催化性能 [D]. 天津：天津大学, 2005.

[47] W.J. Son. Sonochemical synthesis of MOF-5[J]. Chemical Communications, 2008, 47: 6336-6338.

[48] L.G. Qiu, Z.Q. Li, Y. Wu, W. Wang, T. Xu, X. Jiang. Facile synthesis of nanocrystals of a microporous metal-organic framework by an ultrasonic method and selective sensing of organoamines[J]. Chemical Communications, 2008（31）3642-3644.

[49] R.B. Getman, Y.S. Bae, C.E. Wilmer, R.Q. Snurr. Review and Analysis of Molecular Simulations of Methane, Hydrogen, and Acetylene Storage in Metal - Organic Frameworks[J]. Chemical Reviews, 2012, 112: 703-723.

[50] J. Liu, P.K. Thallapally, B.P. Mcgrail, D.R. Brown, J. Liu. ChemInform Abstract: Progress in Adsorption-Based CO_2 Capture by Metal—Organic Frameworks[J]. Chemical Society Reviews, 41（2012）2012, 41: 2308-2322.

[51] M.T. A., L. Jian - Rong, L. Weigang, Z. Hong - Cai. ChemInform Abstract: Methane Storage in Advanced Porous Materials[J]. ChemInform, 2013, 44.

[52] L. Bromberg, Y. Diao, H. Wu, S.A. Speakman, T.A. Hatton. Chromium（Ⅲ）Terephthalate Metal Organic Framework（MIL-101）: HF-Free Synthesis, Structure, Polyoxometalate Composites, and Catalytic Properties[J]. Chemistry of Materials, 2016, 24: 1664－1675.

[53] P. Horcajada, C. Serre, G. Maurin, N.A. Ramsahye, F. Balas, M. Vallet-Regí, M. Sebban, F. Taulelle, G. Férey. Flexible porous metal-organic frameworks for a controlled drug delivery[J]. Journal of the American Chemical Society, 2008, 130: 6774-6780.

[54] T. Tachikawa, J.R. Choi, M. Fujitsuka, T. Majima. Photoinduced Charge-Transfer Processes on MOF-5 Nanoparticles: Elucidating Differences between Metal-Organic Frameworks and Semiconductor Metal Oxides[J]. Journal of Physical Chemistry C, 2008, 112: 14090-14101.

[55] A. Nalaparaju, J. Jiang. Ion Exchange in Metal - Organic Framework for Water Purification: Insight from Molecular Simulation[J]. J.phys.chem.c, 2012, 116: 6925-6931.

[56] N.A. Khan, Z. Hasan, S.H. Jhung. Adsorptive removal of hazardous materials

using metal-organic frameworks (MOFs): a review[J]. Journal of Hazardous Materials, 2013, 24: 444-456.

[57] J. Nan, X. Dong, W. Wang, W. Jin, N. Xu. Step-by-Step Seeding Procedure for Preparing HKUST-1 Membrane on Porous α-Alumina Support[J]. Langmuir, 2011, 27: 4309-4312.

[58] B. JA, C. MA. Synthesis and CO_2/CH_4 separation performance of Bio-MOF-1 membranes[J]. Chemical Communications, 2012, 48: 5130-5132.

[59] Z. Zhang, W.Y. Gao, L. Wojtas, S. Ma, M. Eddaoudi, M.J. Zaworotko. Post-synthetic modification of porphyrin-encapsulating metal-organic materials by cooperative addition of inorganic salts to enhance CO_2/CH_4 selectivity[J]. Angewandte Chemie International Edition, 2012, 124: 9464-9468.

[60] J. An, N.L. Rosi, Tuning MOF CO_2 Adsorption Properties via Cation Exchange[J]. Journal of the American Chemical Society, 2010, 132: 5578-5579.

[61] R. Vaidhyanathan, S.S. Iremonger, K.W. Dawson, G.K. Shimizu. An amine-functionalized metal organic framework for preferential CO_2 adsorption at low pressures[J]. Chemical Communications, 2009, 35: 5230-5232.

[62] B. Zheng, Z. Yang, J. Bai, Y. Li, S. Li. High and selective CO_2 capture by two mesoporous acylamide-functionalized rht-type metal-organic frameworks[J]. Chemical Communications, 2012, 48: 7025-7027.

[63] D.Y. Hong, Y.K. Hwang, C. Serre, G. Férey, J.S. Chang. Porous Chromium Terephthalate MIL-101 with Coordinatively Unsaturated Sites: Surface Functionalization, Encapsulation, Sorption and Catalysis[J]. Advanced Functional Materials, 2010, 19: 1537-1552.

[64] E. Soubeyrand-Lenoir, C. Vagner, J.W. Yoon, P. Bazin, F. Ragon, Y.K. Hwang, C. Serre, J.S. Chang, P.L. Llewellyn. How water fosters a remarkable 5-fold increase in low-pressure CO_2 uptake within mesoporous MIL-100 (Fe) [J]. Journal of the American Chemical Society, 2012, 134: 10174-10181.

[65] H. Leclerc, A. Vimont, J.C. Lavalley, M. Daturi, A.D. Wiersum, P.L. Llewellyn, P. Horcajada, G. Férey, C. Serre. Infrared study of the influence of reducible iron (III) metal sites on the adsorption of CO, CO_2, propane, propene and propyne in the mesoporous metal-organic framework MIL-100[J]. Physical Chemistry Chemical Physics Pccp, 2011, 13: 11748-11756.

[66] Q. Xu, D. Liu, Q. Yang, C. Zhong, J. Mi. Li-modified metal – organic frameworks for CO_2/CH_4 separation: a route to achieving high adsorption selectivity[J]. Journal of Materials Chemistry, 2010, 20: 706-714.

[67] Z. Xiang, Z. Hu, D. Cao, W. Yang, J. Lu, B. Han, W. Wang. Metal-organic frameworks with incorporated carbon nanotubes: improving carbon dioxide and methane storage capacities by lithium doping[J]. Angewandte Chemie International Edition, 2011, 50: 491-494.

[68] Q. Wang, J.K. Johnson. Molecular simulation of hydrogen adsorption in single-walled carbon nanotubes and idealized carbon slit pores[J]. The Journal of Chemical Physics, 1999, 110: 577-586.

[69] N.L. Rosi, J. Eckert, M. Eddaoudi, D.T. Vodak, J. Kim, M. O'Keeffe, O.M. Yaghi. Hydrogen storage in microporous metal-organic frameworks[J]. Science, 2003, 300: 1127-1129.

[70] H. Furukawa, M.A. Miller, O.M. Yaghi. Independent verification of the saturation hydrogen uptake in MOF-177 and establishment of a benchmark for hydrogen adsorption in metal – organic frameworks[J]. Journal of Materials Chemistry, 2007, 17: 3197-3204.

[71] B. Chen. N.W. Ockwig, A.R. Millward, D.S. Contreras, O.M.Y. Prof. High H_2 Adsorption in a Microporous Metal – Organic Framework with Open Metal Sites[J]. Angewandte Chemie International Edition, 2005, 117: 4823 – 4827.

[72] K. Koh, A.G. Wongfoy, A.J. Matzger. A Porous Coordination Copolymer with over 5000 m^2/g BET Surface Area[J]. Journal of the American Chemical Society, 2009, 131: 4184-4185.

[73] G. Garberoglio. Computer Simulation of the Adsorption of Light Gases in Covalent Organic Frameworks[J]. Langmuir, 2007, 23: 12154-12158.

[74] M. Kondo, T. Yoshitomi, H. Matsuzaka, S. Kitagawa, K. Seki. Three - Dimensional Framework with Channeling Cavities for Small Molecules: $\{[M_2(4,4'-bpy)_3(NO_3)_4] \cdot xH_2O\}_n$ (M=Co, Ni, Zn) [J]. Angewandte Chemie International Edition in English, 1997, 36: 1725-1727.

[75] T. Düren, L. Sarkisov, O.M. Yaghi, R.Q. Snurr. Design of New Materials for Methane Storage[J]. Langmuir, 2004, 20: 2683-2689.

[76] T.D. And, R.Q. Snurr. Assessment of Isoreticular Metal-Organic Frameworks

for Adsorption Separations: A Molecular Simulation Study of Methane/n-Butane Mixtures[J]. Journal of Physical Chemistry B, 2008, 108: 15703-15708.

[77] P. Rallapalli, K.P. Prasanth, D. Patil, R.S. Somani, R.V. Jasra, H.C. Bajaj. Sorption studies of CO_2, CH_4, N_2, CO, O_2 and Ar on nanoporous aluminum terephthalate [MIL-53（Al）][J]. Journal of Porous Materials, 2011, 18: 205-210.

[78] D. Peralta, G. Chaplais, A. Simonmasseron, K. Barthelet, C. Chizallet, A.A. Quoineaud, G.D. Pirngruber. Comparison of the Behavior of Metal-Organic Frameworks and Zeolites for Hydrocarbon Separations[J]. Journal of the American Chemical S℃iety, 2012, 134: 8115-8126.

[79] K. Yang, Q. Sun, F. Xue, D. Lin. Adsorption of volatile organic compounds by metal-organic frameworks MIL-101: influence of molecular size and shape[J]. Journal of Hazardous Materials, 2011, 195: 124-131.

[80] X. Xu, C. Song, J.M. Andresen, B.G. Miller, A.W. Scaroni. Novel polyethylenimine-modified mesoporous molecular sieve of MCM-41 type as high-capacity adsorbent for CO_2 capture[J]. Energy & Fuels, 2002, 16: 1463-1469.

[81] X. Xu, C. Song, B.G. Miller, A.W. Scaroni. Influence of moisture on CO_2 separation from gas mixture by a nanoporous adsorbent based on polyethylenimine-modified molecular sieve MCM-41[J]. Industrial & Engineering Chemistry Research, 2005, 44: 8113-8119.

[82] X. Xu, C. Song, J.M. Andresen, B.G. Miller, A.W. Scaroni. Preparation and characterization of novel CO_2 "molecular basket" adsorbents based on polymer-modified mesoporous molecular sieve MCM-41[J]. Microporous and Mesoporous Materials, 2003, 62: 29-45.

[83] X. Xu, C. Song, J.M. Andresen, B.G. Miller. Adsorption separation of CO_2 from simulated flue gas mixtures by novel CO_2 "molecular basket" adsorbents[J]. International journal of environmental technology and management, 2004, 4: 32-52.

[84] X. Xu, C. Song, B.G. Miller, A.W. Scaroni. Adsorption separation of carbon dioxide from flue gas of natural gas-fired boiler by a novel nanoporous "molecular basket" adsorbent[J]. Fuel Processing Technology, 2005, 86: 1457-1472.

[85] X. Ma, X. Wang, C. Song. "Molecular Basket" sorbents for separation of CO_2 and H_2S from various gas streams[J]. Journal of the American Chemical Society, 2009, 131: 5777–5783.

[86] R.S. Franchi, P.J. Harlick, A. Sayari. Applications of pore-expanded mesoporous silica. 2. Development of a high-capacity, water-tolerant adsorbent for CO_2[J]. Industrial & Engineering Chemistry Research, 2005, 44: 8007–8013.

[87] W.J. Son, J.S. Choi, W.S. Ahn. Adsorptive removal of carbon dioxide using polyethyleneimine-loaded mesoporous silica materials[J]. Microporous and Mesoporous Materials, 2008, 113: 31–40.

[88] C. Chen, S.-T. Yang, W.-S. Ahn, R. Ryoo. Amine-impregnated silica monolith with a hierarchical pore structure: enhancement of CO_2 capture capacity[J]. Chemical Communications, 2009, 24（24）3627–3629.

[89] N. Gargiulo, D. Caputo, C. Colella. Preparation and characterization of polyethylenimine-modified mesoporous silicas as CO_2 sorbents[J]. Studies in Surface Science and Catalysis, 2007, 170: 1938–1943.

[90] A. Goeppert, S. Meth, G.S. Prakash, G.A. Olah. Nanostructured silica as a support for regenerable high-capacity organoamine-based CO_2 sorbents[J]. Energy & Environmental Science, 2010, 3: 1949–1960.

[91] G. Qi, Y. Wang, L. Estevez, X. Duan, N. Anako, A.-H.A. Park, W. Li, C.W. Jones, E.P. Giannelis. High efficiency nanocomposite sorbents for CO_2 capture based on amine-functionalized mesoporous capsules[J]. Energy & Environmental Science, 2011, 4: 444–452.

[92] T. Drage, A. Arenillas, K.M. Smith, C.E. Snape. Thermal stability of polyethylenimine based carbon dioxide adsorbents and its influence on selection of regeneration strategies[J]. Microporous and Mesoporous Materials, 2008, 116: 504–512.

[93] S. Dasgupta, A. Nanoti, P. Gupta, D. Jena, A.N. Goswami, M.O. Garg. Carbon Di-Oxide Removal with Mesoporous Adsorbents in a Single Column Pressure Swing Adsorber[J]. Separation Science and Technology, 2009, 44:3973–3983.

[94] G. D. Pirngruber, S. Cassiano-Gaspar, S. Louret, A. Chaumonnot, B. Delfort. Amines immobilized on a solid support for postcombustion CO_2 Capture-A preliminary analysis of the performance in a VSA or TSA process based on the

adsoorption isotherms and kinetic data[J].Energy Procedia, 2009, 1（1）: 1335–1342.

[95] M.B. Yue, L.B. Sun, Y. Cao, Y. Wang, Z.J. Wang, J.H. Zhu. Efficient CO_2 Capturer Derived from As - Synthesized MCM - 41 Modified with Amine[J]. Chemistry–A European Journal, 2008, 14: 3442–3451.

[96] M.B. Yue, Y. Chun, Y. Cao, X. Dong, J.H. Zhu. CO_2 Capture by As - Prepared SBA - 15 with an Occluded Organic Template[J]. Advanced Functional Materials, 2006, 16: 1717–1722.

[97] M.B. Yue, L.B. Sun, Y. Cao, Z.J. Wang, Y. Wang, Q. Yu, J.H. Zhu. Promoting the CO_2 adsorption in the amine-containing SBA–15 by hydroxyl group[J]. Microporous and Mesoporous Materials, 2008, 114: 74–81.

[98] M. Gray, Y. Soong, K. Champagne, H. Pennline, J. Baltrus, R. Stevens Jr, R. Khatri, S. Chuang, T. Filburn, Improved immobilized carbon dioxide capture sorbents[J]. Fuel Processing Technology, 2005, 86: 1449–1455.

[99] S. Lee, T.P. Filburn, M. Gray, J.-W. Park, H.-J. Song. Screening test of solid amine sorbents for CO_2 capture[J]. Industrial & Engineering Chemistry Research, 2008, 47: 7419–7423.

[100] M. Gray, K. Champagne, D. Fauth, J. Baltrus, H. Pennline. Performance of immobilized tertiary amine solid sorbents for the capture of carbon dioxide[J]. International Journal of Greenhouse Gas Control, 2008, 2: 3–8.

[101] M. Gray, J. Hoffman, D. Hreha, D. Fauth, S. Hedges, K. Champagne, H. Pennline. Parametric study of solid amine sorbents for the capture of carbon dioxide[J]. Energy & Fuels, 2009, 23: 4840–4844.

[102] P. Jadhav, R. Chatti, R. Biniwale, N. Labhsetwar, S. Devotta, S. Rayalu. Monoethanol amine modified zeolite 13X for CO_2 adsorption at different temperatures[J]. Energy & Fuels, 2007, 21: 3555–3559.

[103] F. Su, C. Lu, S.-C. Kuo, W. Zeng. Adsorption of CO_2 on amine-functionalized Y-type zeolites[J]. Energy & Fuels, 2010, 24: 1441–1448.

[104] J.C. Fisher, J. Tanthana, S.S. Chuang. Oxide - supported tetraethylenepentamine for CO_2 capture[J]. Environmental progress & sustainable energy, 2009, 28: 589–598.

[105] S. Choi, J.H. Drese, C.W. Jones. Adsorbent Materials for Carbon Dioxide Capture from Large Anthropogenic Point Sources[J]. ChemSusChem, 2009, 2: 796–854.

[106] T.-L. Chew, A.L. Ahmad, S. Bhatia. Ordered mesoporous silica (OMS) as an adsorbent and membrane for separation of carbon dioxide CO_2[J]. Advances in colloid and interface science, 2010, 153: 43–57.

[107] O. Leal, C. Bolívar, C. Ovalles, J.J. García, Y. Espidel. Reversible adsorption of carbon dioxide on amine surface-bonded silica gel[J]. Inorganica Chimica Acta, 1995, 240: 183–189.

[108] S.W. Delaney, G.P. Knowles, A.L. Chaffee. Hybrid mesoporous materials for carbon dioxide separation[J]. Fuel Chem Div. Preprints, 2002, 47: 65.

[109] G.P. Knowles, S.W. Delaney, A.L. Chaffee. Amine-functionalised mesoporous silicas as CO_2 adsorbents[J]. Studies in Surface Science and Catalysis, 2005, 156: 887–896.

[110] G.P. Knowles, J.V. Graham, S.W. Delaney, A.L. Chaffee. Aminopropyl-functionalized mesoporous silicas as CO_2 adsorbents. Fuel Processing Technology, 2005, 86: 1435–1448.

[111] A.L. Chaffee. Molecular modeling of HMS hybrid materials for CO_2 adsorption[J]. Fuel Processing Technology, 2005, 86: 1473–1486.

[112] G.P. Knowles, S.W. Delaney, A.L. Chaffee. Diethylenetriamine [propyl(silyl)]-functionalized (DT) mesoporous silicas as CO_2 adsorbents[J]. Industrial & Engineering Chemistry Research, 2006, 45: 2626–2633.

[113] Z. Liang, B. Fadhel, C.J. Schneider, A.L. Chaffee. Stepwise growth of melamine-based dendrimers into mesopores and their CO_2 adsorption properties[J]. Microporous and Mesoporous Materials, 2008, 111: 536–543.

[114] E.J. Acosta, C.S. Carr, E.E. Simanek, D.F. Shantz. Engineering Nanospaces: Iterative Synthesis of Melamine-Based Dendrimers on Amine-Functionalized SBA-15 Leading to Complex Hybrids with Controllable Chemistry and Porosity[J]. Advanced Materials, 2004, 16: 985–989.

[115] N. Hiyoshi, K. YOGO, T. Yashima. Adsorption of carbon dioxide on amine modified SBA-15 in the presence of water vapor[J]. Chemistry Letters, 2004, 33: 510–511.

[116] N. Hiyoshi, K. Yogo, T. Yashima. Adsorption characteristics of carbon dioxide on organically functionalized SBA-15[J]. Microporous and Mesoporous Materials, 2005, 84: 357-365.

[117] H.Y. Huang, R.T. Yang, D. Chinn, C.L. Munson. Amine-grafted MCM-48 and silica xerogel as superior sorbents for acidic gas removal from natural gas[J]. Industrial & Engineering Chemistry Research, 2003, 42: 2427-2433.

[118] A.C. Chang, S.S. Chuang, M. Gray, Y. Soong. In-situ infrared study of CO_2 adsorption on SBA-15 grafted with γ-(aminopropyl)triethoxysilane[J]. Energy & Fuels, 2003, 17: 468-473.

[119] M. Gray, Y. Soong, K. Champagne, H. Pennline, J. Baltrus, R. Jr, R. Khatri, S. Chuang. Capture of carbon dioxide by solid amine sorbents[J]. International journal of environmental technology and management, 2004, 4: 82-88.

[120] R.A. Khatri, S.S. Chuang, Y. Soong, M. Gray. Carbon dioxide capture by diamine-grafted SBA-15: A combined Fourier transform infrared and mass spectrometry study[J]. Industrial & Engineering Chemistry Research, 2005, 44: 3702-3708.

[121] R.A. Khatri, S.S. Chuang, Y. Soong, M. Gray, Thermal and chemical stability of regenerable solid amine sorbent for CO_2 capture[J]. Energy & Fuels, 2006, 20: 1514-1520.

[122] F. Zheng, D.N. Tran, B. Busche, G.E. Fryxell, R.S. Addleman, T.S. Zemanian, C.L. Aardahl. Ethylenediamine-modified SBA-15 as regenerable CO_2 sorbents[J]. Industrial & Engineering Chemistry Research, 2005, 44 (9): 3099-3105.

[123] F. Zheng, D.N. Tran, B.J. Busche, G.E. Fryxell, R.S. Addleman, T.S. Zemanian, C.L. Aardahl. Ethylenediamine-modified SBA-15 as regenerable CO_2 sorbent[J]. Industrial & Engineering Chemistry Research, 2005, 44: 3099-3105.

[124] V. Zeleňák, M. Badaničová, D. Halamova, J. Čejka, A. Zukal, N. Murafa, G. Goerigk. Amine-modified ordered mesoporous silica: effect of pore size on carbon dioxide capture[J]. Chemical Engineering Journal, 2008, 144: 336-342.

[125] J.H. Drese, S. Choi, R.P. Lively, W.J. Koros, D.J. Fauth, M.L. Gray, C.W. Jones. Synthesis-structure-property relationships for hyperbranched aminosilica CO_2 adsorbents[J]. Advanced Functional Materials, 2009, 19: 3821-3832.

[126] J.C. Hicks, J.H. Drese, D.J. Fauth, M.L. Gray, G. Qi, C.W. Jones. Designing adsorbents for CO_2 capture from flue gas-hyperbranched aminosilicas capable

of capturing CO_2 reversibly[J]. Journal of the American Chemical Society, 2008, 130: 2902–2903.

[127] C. Knöfel, J. Descarpentries, A. Benzaouia, V. Zeleňák, S. Mornet, P. Llewellyn, V. Hornebecq. Functionalised micro-/mesoporous silica for the adsorption of carbon dioxide[J]. Microporous and Mesoporous Materials, 2007, 99: 79–85.

[128] P.J. Harlick, A. Sayari. Applications of pore-expanded mesoporous silica. 5. Triamine grafted material with exceptional CO_2 dynamic and equilibrium adsorption performance[J]. Industrial & Engineering Chemistry Research, 2007, 46: 446–458.

[129] R. Serna-Guerrero, Y. Belmabkhout, A. Sayari. Influence of regeneration conditions on the cyclic performance of amine-grafted mesoporous silica for CO_2 capture: An experimental and statistical study[J]. Chemical Engineering Science, 2010, 65: 4166–4172.

[130] C. Lu, F. Su, S.-C. Hsu, W. Chen, H. Bai, J.F. Hwang, H.-H. Lee. Thermodynamics and regeneration of CO_2 adsorption on mesoporous spherical-silica particles[J]. Fuel Processing Technology, 2009, 90: 1543–1549.

[131] S.-C. Hsu, C. Lu, F. Su, W. Zeng, W. Chen. Thermodynamics and regeneration studies of CO_2 adsorption on multiwalled carbon nanotubes. Chemical Engineering Science, 2010, 65: 1354–1361.

[132] F. Su, C. Lu, W. Cnen, H. Bai, J.F. Hwang. Capture of CO_2 from flue gas via multiwalled carbon nanotubes[J]. Science of the total environment, 2009, 407: 3017–3023.

[133] P.J. Harlick, A. Sayari. Applications of pore-expanded mesoporous silicas. 3. Triamine silane grafting for enhanced CO_2 adsorption[J]. Industrial & Engineering Chemistry Research, 2006, 45: 3248–3255.

[134] A. Sayari, S. Hamoudi, Y. Yang. Applications of pore-expanded mesoporous silica. 1. Removal of heavy metal cations and organic pollutants from wastewater[J]. Chemistry of Materials, 2005, 17: 212–216.

[135] R. Serna-Guerrero, E. Da'na, A. Sayari. New insights into the interactions of CO_2 with amine-functionalized silica[J]. Industrial & Engineering Chemistry Research, 2008, 47: 9406–9412.

[136] R. Serna-Guerrero, Y. Belmabkhout, A. Sayari. Further investigations of CO_2 capture using triamine-grafted pore-expanded mesoporous silica[J]. Chemical Engineering Journal, 2010, 158: 513-519.

[137] R. Serna-Guerrero, Y. Belmabkhout, A. Sayari. Triamine-grafted pore-expanded mesoporous silica for CO_2 capture: Effect of moisture and adsorbent regeneration strategies[J]. Adsorption, 2010, 16: 567-575.

[138] Y. Belmabkhout, R. Serna-Guerrero, A. Sayari. Adsorption of CO_2-containing gas mixtures over amine-bearing pore-expanded MCM-41 silica: application for gas purification[J]. Industrial & Engineering Chemistry Research, 2009, 49: 359-365.

[139] A. Sayari, Y. Belmabkhout. Stabilization of amine-containing CO_2 adsorbents: dramatic effect of water vapor[J]. Journal of the American Chemical Society, 2010, 132: 6312-6314.

[140] Y. Belmabkhout, A. Sayari. Isothermal versus non-isothermal adsorption-desorption cycling of triamine-grafted pore-expanded MCM-41 mesoporous silica for CO_2 capture from flue gas[J]. Energy & Fuels, 2010, 24: 5273-5280.

[141] S.-N. Kim, W.-J. Son, J.-S. Choi, W.-S. Ahn, CO_2 adsorption using amine-functionalized mesoporous silica prepared via anionic surfactant-mediated synthesis[J]. Microporous and Mesoporous Materials, 2008, 115: 497-503.

[142] A. Yamasaki, An Overview of CO_2 Mitigation Options for Global Warming—Emphasizing CO_2 Sequestration Options[J]. JOURNAL OF CHEMICAL ENGINEERING OF JAPAN, 2003, 36: 361-375.

[143] R. Watts. Global Warming and the Future of the Earth[M]. Morgan & Claypool, 2007.

[144] J. Mcewen, J.D. Hayman, A.O. Yazaydin. A comparative study of CO_2, CH_4 and N_2 adsorption in ZIF-8, Zeolite-13X and BPL activated carbon[J]. Chemical Physics, 2013, 42: 72-76.

[145] D. Britt, H. Furukawa, B. Wang, T.G. Glover, O.M. Yaghi, J. Halpern. Highly Efficient Separation of Carbon Dioxide by a Metal-Organic Framework Replete with Open Metal Sites[J]. Proceedings of the National Academy of Sciences of the United States of America, 2009, 106: 20637-20640.

[146] K. Sumida, D.L. Rogow, J.A. Mason, T.M. Mcdonald, E.D. Bloch, Z.R. Herm, T.H. Bae, J.R. Long. Carbon dioxide capture in metal-organic frameworks[J]. Chemical Reviews, 2012, 112: 724-781.

[147] G. Férey, C. Mellot-Draznieks, C. Serre, F. Millange, J. Dutour, S. Surblé, I. Margiolaki. A Chromium Terephthalate-Based Solid with Unusually Large Pore Volumes and Surface Area[J]. Science, 2005, 309: 2040-2042.

[148] O. I. Lebedev, F. Millange, C. Serre, G. Van Tendeloo, G. Férey. First Direct Imaging of Giant Pores of the Metal-Organic Framework MIL-101[J]. Chemistry of Materials, 2005, 17: 6525-6527.

[149] P.L. Llewellyn, S. Bourrelly, C. Serre, A. Vimont, M. Daturi, L. Hamon, G.D. Weireld, J.S. Chang, D.Y. Hong, Y.K. Hwang. High Uptakes of CO_2 and CH_4 in Mesoporous Metal—Organic Frameworks MIL-100 and MIL-101[J]. Langmuir, 2008, 24: 7245-7250.

[150] A.R. Millward, O.M. Yaghi. Metal-Organic Frameworks with Exceptionally High Capacity for Storage of Carbon Dioxide at Room Temperature[J]. Journal of the American Chemical Society, 2005, 127: 17998-17999.

[151] Z. Liang, M. Marshall, A.L. Chaffee, CO_2 adsorption-based separation by metal organic framework (Cu-BTC) versus zeolite (13X) [J]. Energy & Fuels, 2009, 23: 2785-2789.

[152] Z. Zhang, S. Xian, H. Xi, H. Wang, Z. Li. Improvement of CO_2 adsorption on ZIF-8 crystals modified by enhancing basicity of surface[J]. Chemical Engineering Science, 2011, 66: 4878-4888.

[153] Z. Zhang, S. Xian, Q. Xia, H. Wang, Z. Li, J. Li. Enhancement of CO_2 Adsorption and CO_2/N_2 Selectivity on ZIF-8 via Postsynthetic Modification[J]. Aiche Journal, 2013, 59: 2195-2206.

[154] 杨琰,王莎,张志娟,等.氨气改性的NH_3@MIL-53(Cr)吸附CO_2和CH_4的性能[J].化工学报,2014, 65: 1759-1763.

[155] Y.K. Hwang, D.Y. Hong, J.S. Chang, S.H. Jhung, Y.K. Seo, J. Kim, A. Vimont, M. Daturi, C. Serre, G. Férey. Titelbild: Amine Grafting on Coordinatively Unsaturated Metal Centers of MOFs: Consequences for Catalysis and Metal Encapsulation (Angew. Chem. 22/2008) [J]. Angew Chem Int Ed Engl, 2010, 47: 4144-4148.

[156] X. Luo, L. Ding, J. Luo. Adsorptive Removal of Pb (II) Ions from Aqueous Samples with Amino-Functionalization of Metal - Organic Frameworks MIL-101 (Cr) [J]. Journal of Chemical & Engineering Data, 2015, 60: 1732-1743.

[157] Y. Lin, C. Kong, L. Chen. Direct synthesis of amine-functionalized MIL-101(Cr) nanoparticles and application for CO_2 capture[J]. Rsc Advances, 2012, 2: 6417-6419.

[158] D. Jiang, L.L. Keenan, A.D. Burrows, K.J. Edler. Synthesis and post-synthetic modification of MIL-101 (Cr) -NH2 via a tandem diazotisation process[J]. Chemical Communications, 2012, 48: 12053-12055.

[159] P. Chowdhury, C. Bikkina, S. Gumma. Gas Adsorption Properties of the Chromium-Based Metal Organic Framework MIL-101[J] CO_2 Journal of Physical Chemistry C, 2009, 113: 6616-6621.

[160] J.F. Brennecke, B.E. Gurkan. Ionic liquids for CO_2 capture and emission reduction[J]. The Journal of Physical Chemistry Letters, 2010, 1: 3459-3464.

[161] A. Berthod, M. Ruiz-Angel, S. Carda-Broch, Ionic liquids in separation techniques[J]. Journal of Chromatography A, 2008, 1184: 6-18.

[162] M. Freemantle, An introduction to ionic liquids[M]. Royal Society of chemistry, 2010.

[163] M.C. Buzzeo, R.G. Evans, R.G. Compton. Non - haloaluminate room-temperature ionic liquids in electr°C hemistry—A review[M]. ChemPhysChem, 2004, 5: 1106-1120.

[164] V.I. Pârvulescu, C. Hardacre. Catalysis in ionic liquids[J]. Chemical Reviews, 2007, 107: 2615-2665.

[165] L.A. Blanchard, J.F. Brennecke. Recovery of organic products from ionic liquids using supercritical carbon dioxide[J]. Industrial & Engineering Chemistry Research, 2001, 40: 287-292.

[166] L.A. Blanchard, D. Hancu, E.J. Beckman, J.F. Brennecke. Green processing using ionic liquids and CO_2[J]. Nature, 1999, 399: 28-29.

[167] L.A. Blanchard, Z. Gu, J.F. Brennecke. High-pressure phase behavior of ionic liquid/CO_2 systems[J]. The Journal of Physical Chemistry B, 2001, 105: 2437-2444.

[168] J.L. Anthony, E.J. Maginn, J.F. Brennecke. Solubilities and thermodynamic

properties of gases in the ionic liquid 1-n-butyl-3-methylimidazolium hexafluorophosphate[J]. The Journal of Physical Chemistry B, 2002, 106: 7315-7320.

[169] J.L. Anthony, J.M. Crosthwaite, D.G. Hert, S.N. Aki, E.J. Maginn, J.F. Brennecke. Phase equilibria of gases and liquids with 1-n-butyl-3-methylimidazolium tetrafluoroborate[J]. Ionic Liquids as Green Solvents: Progress and Prospects, 2003, 856: 110-120.

[170] A. Shariati, C. Peters. High-pressure phase behavior of systems with ionic liquids: II. The binary system carbon dioxide+ 1-ethyl-3-methylimidazolium hexafluorophosphate[J]. The Journal of supercritical fluids, 2004, 29: 43-48.

[171] A. Shariati, C.J. Peters. High-pressure phase equilibria of systems with ionic liquids[J]. The Journal of supercritical fluids, 2005, 34: 171-176.

[172] Y. Kim, W. Choi, J. Jang, K.-P. Yoo, C. Lee. Solubility measurement and prediction of carbon dioxide in ionic liquids[J]. Fluid Phase Equilibria, 2005, 228: 439-445.

[173] E.D. Bates, R.D. Mayton, I. Ntai, J.H. Davis. CO_2 Capture by a Task-Specific Ionic Liquid[J]. Journal of the American Chemical Society, 2002, 124: 926-927.

[174] J.-w. Ma, Z. Zhou, F. Zhang, C.-g. Fang, Y.-t. Wu, Z.-b. Zhang, A.-m. Li. Ditetraalkylammonium amino acid ionic liquids as CO_2 absorbents of high capacity[J], Environmental science & technology, 2011, 45: 10627-10633.

[175] Z. Feng, F. Cheng-Gang, W. You-Ting, W. Yuan-Tao, L. Ai-Min, Z. Zhi-Bing, Absorption of CO_2 in the aqueous solutions of functionalized ionic liquids and MDEA[J]. Chemical Engineering Journal, 2010, 160: 691-697.

[176] C. Wang, X. Luo, H. Luo, D.e. Jiang, H. Li, S. Dai. Tuning the basicity of ionic liquids for equimolar CO_2 capture[J]. Angewandte Chemie International Edition, 2011, 50: 4918-4922.

[177] B.E. Gurkan, J.C. de la Fuente, E.M. Mindrup, L.E. Ficke, B.F. Goodrich, E.A. Price, W.F. Schneider, J.F. Brennecke. Equimolar CO_2 absorption by anion-functionalized ionic liquids[J]. Journal of the American S℃iety, 2010, 132: 2116-2117.

[178] Y.-Y. Jiang, G.-N. Wang, Z. Zhou, Y.-T. Wu, J. Geng, Z.-B. Zhang. Tetraalkylammonium amino acids as functionalized ionic liquids of low

viscosity[J]. Chemical Communications, 2008, 8: 505–507.

[179] J. Zhang, S. Zhang, K. Dong, Y. Zhang, Y. Shen, X. Lv. Supported absorption of CO_2 by tetrabutylphosphonium amino acid ionic liquids[J]. Chemistry-a European Journal, 2006, 12: 4021–4026.

[180] X. Wang, N.G. Akhmedov, Y. Duan, D. Luebke, B. Li. Immobilization of amino acid ionic liquids into nanoporous microspheres as robust sorbents for CO_2 capture[J]. Journal of Materials Chemistry A, 2013, 1: 2978–2982.

[181] J. Ren, L. Wu, B.-G. Li. Preparation and CO_2 sorption/desorption of N-(3-aminopropyl) aminoethyl tributylphosphonium amino acid salt ionic liquids supported into porous silica particles[J]. Industrial & Engineering Chemistry Research, 2012, 51: 7901–7909.

[182] I. Niedermaier, M. Bahlmann, C. Papp, C. Kolbeck, W. Wei, S.K. Calder ó n, M. Grabau, P.S. Schulz, P. Wasserscheid, H.-P. Steinrück. Carbon Dioxide Capture by an Amine Functionalized Ionic Liquid-Fundamental Differences of Surface and Bulk Behavior[J]. Journal of the American Chemical Society, 2014, 136.

[183] C. Wu, J. Wang, H. Wang, Y. Pei, Z. Li. Effect of anionic structure on the phase formation and hydrophobicity of amino acid ionic liquids aqueous two-phase systems [J]. Journal of Chromatography A, 2011, 1218: 8587–8593.

[184] X. Wang, X. Ma, C. Song, D.R. Lücke, S. Siefert, R.E. Winans, J. Möllmer, M. Lange, A. Möller, R. Gläser. Molecular basket sorbents polyethylenimine–SBA–15 for CO_2 capture from flue gas: Characterization and sorption properties[J].Microporous and Mesoporous Materials, 2013, 169: 103–111.

[185] L. Wei, Z. Gao, Y. Jing, Y. Wang. Adsorption of CO_2 from Simulated Flue Gas on Pentaethylenehexamine-Loaded Mesoporous Silica Support Adsorbent[J]. Industrial & Engineering Chemistry Research, 2013, 52: 14965–14974.

[186] A. Zhao, A. Samanta, P. Sarkar, R. Gupta. Carbon dioxide adsorption on amine-impregnated mesoporous SBA–15 sorbents: experimental and kinetics study[J]. Industrial & Engineering Chemistry Research, 2013, 52: 6480–6491.

[187] D.M. D'Alessandro, B. Smit, J.R. Long. Carbon Dioxide Capture: Prospects for New Materials[J]. Angew. Chem., 2010, 49: 6058–6082.

[188] S. Cui, W. Cheng, X. Shen, M. Fan, A. Russell, Z. Wu, X. Yi. Mesoporous

amine-modified S_iO_2 aerogel: a potential CO_2 sorbent[J]. Energy & Environmental Science, 2011, 4: 2070-2074.

[189] B. Dutcher, M. Fan, B. Leonard, M.D. Dyar, J. Tang, E.A. Speicher, P. Liu, Y. Zhang. Use of Nanoporous FeOOH as a Catalytic Support for $NaHCO_3$ Decomposition Aimed at Reduction of Energy Requirement of $Na2CO_3/NaHCO_3$ Based CO_2 Separation Technology[J]. The Journal of Physical Chemistry C, 2011, 115: 15532-15544.

[190] Q. Jiang, S. Faraji, K.J. Nordheden, S.M. Stagg-Williams, CO_2 reforming reaction assisted with oxygen permeable $Ba_{0.5}Sr_{0.5}Co_{0.8}Fe_{0.2}O_x$ perovskite ceramic membranes[J]. J. Membr. Sci., 2011, 368: 69-77.

[191] P. Li, D.R. Paul, T.S. Chung. High performance membranes based on ionic liquid polymers for CO_2 separation from the flue gas[J]. Green Chem., 2012, 14: 1052-1063.

[192] L. Xiong, S. Gu, K.O. Jensen, Y.S. Yan. Facilitated Transport in Hydroxide-Exchange Membranes for Post-Combustion CO_2 Separation[J]. ChemSusChem, 2014, 7: 114-116.

[193] B.-T. Zhang, M. Fan, A.E. Bland. CO_2 Separation by a New Solid K-Fe Sorbent[J].Energy Fuels, 2011, 25: 1919-1925.

[194] L. Zhao, Z. Bacsik, N. Hedin, W. Wei, Y. Sun, M. Antonietti, M.-M. Titirici. Carbon Dioxide Capture on Amine-Rich Carbonaceous Materials Derived from Glucose[J]. ChemSusChem, 2010, 3: 840-845.

[195] Y. Wang, Y. Zhu, S. Wu. A new nano CaO-based CO_2 adsorbent prepared using an adsorption phase technique[J]. Chem. Eng. J., 2013, 218: 39-45.

[196] S.A. Didas, A.R. Kulkarni, D.S. Sholl, C.W. Jones. Role of Amine Structure on Carbon Dioxide Adsorption from Ultradilute Gas Streams such as Ambient Air[J]. ChemSusChem, 2012, 5: 2058-2064.

[197] D. Qian, C. Lei, E.-M. Wang, W.-C. Li, A.-H. Lu. A Method for Creating Microporous Carbon Materials with Excellent CO_2-Adsorption Capacity and Selectivity[J]. ChemSusChem, 2014, 7: 291.

[198] R. Lyndon, K. Konstas, B.P. Ladewig, P.D. Southon, P.C.J. Kepert, M.R. Hill. Dynamic Photo-Switching in Metal - Organic Frameworks as a Route to Low-Energy Carbon Dioxide Capture and Release[J]. Angew. Chem., 2013, 125:

3783-3786.

[199] C. Chen, S.-T. Yang, W.-S. Ahn, R. Ryoo. Amine-impregnated silica monolith with a hierarchical pore structure: enhancement of CO_2 capture capacity[J]. Chem. Commun., 2009, 24: 3627-3629.

[200] X. Feng, G. Hu, X. Hu, G. Xie, Y. Xie, J. Lu, M. Luo. Tetraethylenepentamine-Modified Siliceous Mesocellular Foam (MCF) for CO_2 Capture[J]. Ind. Eng. Chem. Res., 2013, 52: 4221-4228.

[201] Y. Belmabkhout, R. Serna-Guerrero, A. Sayari. Adsorption of CO_2-Containing Gas Mixtures over Amine-Bearing Pore-Expanded MCM-41 Silica: Application for Gas Purification[J]. Ind. Eng. Chem. Res., 2009, 49: 359-365.

[202] S. Hao, H. Chang, Q. Xiao, Y. Zhong, W. Zhu. One-Pot Synthesis and CO_2 Adsorption Properties of Ordered Mesoporous SBA-15 Materials Functionalized with APTMS[J]. J. Phys. Chem. C, 2011, 115: 12873-12882.

[203] J. Kumełan, D. Tuma, A.l. Pérez-Salado Kamps, G. Maurer. Solubility of the Single Gases Carbon Dioxide and Hydrogen in the Ionic Liquid [bmpy][Tf2N][J]. Journal of Chemical & Engineering Data, 2009, 55: 165-172.

[204] W.-J. Son, J.-S. Choi, W.-S. Ahn. Adsorptive removal of carbon dioxide using polyethyleneimine-loaded mesoporous silica materials[J]. Microporous Mesoporous Mater., 2008, 113: 31-40.

[205] M.A. Alkhabbaz, R. Khunsupat, C.W. Jones. Guanidinylated poly (allylamine) supported on mesoporous silica for CO_2 capture from flue gas[J]. Fuel, 2014, 121: 79-85.

[206] M.R. Mello, D. Phanon, G.Q. Silveira, P.L. Llewellyn, C.M. Ronconi. Amine-modified MCM-41 mesoporous silica for carbon dioxide capture[J]. Microporous Mesoporous Mater., 2011, 143: 174-179.

[207] S. Builes, L.F. Vega. Understanding CO_2 Capture in Amine-Functionalized MCM-41 by Molecular Simulation[J]. J. Phys. Chem. C, 2012, 116: 3017-3024.

[208] P. Bollini, S.A. Didas, C.W. Jones. Amine-oxide hybrid materials for acid gas separations[J]. J. Mater. Chem., 2011, 21: 15100-15120.

[209] A. Olea, E.S. Sanz-Pérez, A. Arencibia, R. Sanz, G. Calleja. Amino-functionalized pore-expanded SBA-15 for CO_2 adsorption[J]. Adsorption, 2013, 19: 589-600.

[210] R. Sanz, G. Calleja, A. Arencibia, E.S. Sanz-Pérez. CO_2 Uptake and Adsorption Kinetics of Pore-Expanded SBA-15 Double-Functionalized with Amino Groups[J]. Energy Fuels, 2013, 27: 7637-7644.

[211] G. Calleja, R. Sanz, A. Arencibia, E.S. Sanz-Pérez. Influence of Drying Conditions on Amine-Functionalized SBA-15 as Adsorbent of CO_2[J]. Top. Catal., 2011, 54: 135-145.

[212] P.J.E. Harlick, A. Sayari. Applications of Pore-Expanded Mesoporous Silica. 5. Triamine Grafted Material with Exceptional CO_2 Dynamic and Equilibrium Adsorption Performance[J]. Ind. Eng. Chem. Res., 2006, 46: 446-458.

[213] A. Heydari-Gorji, Y. Belmabkhout, A. Sayari. Polyethylenimine-Impregnated Mesoporous Silica: Effect of Amine Loading and Surface Alkyl Chains on CO_2 Adsorption[J]. Langmuir, 2011, 27: 12411-12416.

[214] G. Prieto, A. Martínez, R. Murciano, M.A. Arribas. Cobalt supported on morphologically tailored SBA-15 mesostructures: The impact of pore length on metal dispersion and catalytic activity in the Fischer-Tropsch synthesis[J]. Appl. Catal., A, 2009, 367: 146-156.

[215] Sujandi, E.A. Prasetyanto, S.-E. Park. Synthesis of short-channeled amino-functionalized SBA-15 and its beneficial applications in base-catalyzed reactions[J]. Appl. Catal., A, 2008, 350: 244-251.

[216] J. Sun, H. Zhang, R. Tian, D. Ma, X. Bao, D.S. Su, H. Zou. Ultrafast enzyme immobilization over large-pore nanoscale mesoporous silica particles[J]. Chem. Commun., 2006, 12: 1322-1324.

[217] H. Gustafsson, E.M. Johansson, A. Barrabino, M. Odén, K. Holmberg. Immobilization of lipase from Mucor miehei and Rhizopus oryzae into mesoporous silica—The effect of varied particle size and morphology[J]. Colloids Surf., B, 2012, 100: 22-30.

[218] E.M. Johansson, J.M. Córdoba, M. Odén. The effects on pore size and particle morphology of heptane additions to the synthesis of mesoporous silica SBA-15[J]. Microporous Mesoporous Mater., 2010, 133: 66-74.

[219] P. Linton, H. Wennerstrom, V. Alfredsson. Controlling particle morphology and size in the synthesis of mesoporous SBA-15 materials[J]. Phys. Chem. Chem. Phys., 2010, 12: 3852-3858.

[220] Sujandi, S.-E. Park, D.-S. Han, S.-C. Han, M.-J. Jin, T. Ohsuna. Amino-functionalized SBA-15 type mesoporous silica having nanostructured hexagonal platelet morphology[J]. Chem. Commun., 2006, 27: 4131–4133.

[221] A. Heydari-Gorji, Y. Yang, A. Sayari. Effect of the Pore Length on CO_2 Adsorption over Amine-Modified Mesoporous Silicas[J]. Energy Fuels, 2011, 25: 4206–4210.

[222] S.-Y. Chen, Y.-T. Chen, J.-J. Lee, S. Cheng. Tuning pore diameter of platelet SBA-15 materials with short mesochannels for enzyme adsorption[J]. J. Mater. Chem., 2011, 21: 5693–5703.

[223] D. Zhao, J. Feng, Q. Huo, N. Melosh, G.H. Fredrickson, B.F. Chmelka, G.D. Stucky. Triblock Copolymer Syntheses of Mesoporous Silica with Periodic 50 to 300 Angstrom Pores[J]. Science 1998, 279: 548–552.

[224] L. Wang, R.T. Yang. Increasing Selective CO_2 Adsorption on Amine-Grafted SBA-15 by Increasing Silanol Density[J]. J. Phys. Chem. C, 2011, 115: 21264–21272.

[225] L. Cao, T. Man, M. Kruk. Synthesis of Ultra-Large-Pore SBA-15 Silica with Two-Dimensional Hexagonal Structure Using Triisopropylbenzene As Micelle Expander[J]. Chem. Mater., 2009, 21: 1144–1153.

[226] A. Goeppert, M. Czaun, R.B. May, G.K.S. Prakash, G.A. Olah, S.R. Narayanan. Carbon Dioxide Capture from the Air Using a Polyamine Based Regenerable Solid Adsorbent[J] J. Am. Chem. Soc., 2011, 133: 20164–20167.

[227] Y.G. Ko, S.S. Shin, U.S. Choi. Primary, secondary, and tertiary amines for CO_2 capture: Designing for mesoporous CO_2 adsorbents[J]. J. Colloid Interface Sci., 2011, 361: 594–602.

[228] A. Sayari, Y. Belmabkhout, E. Da'na. CO_2 Deactivation of Supported Amines: Does the Nature of Amine Matter?[J]. Langmuir, 2012, 28: 4241–4247.

[229] A. Ebner, M. Gray, N. Chisholm, Q. Black, D. Mumford, M. Nicholson, J. Ritter. Suitability of a solid amine sorbent for CO_2 capture by pressure swing adsorption[J]. Industrial & Engineering Chemistry Research, 2011, 50: 5634–5641.

[230] M.L. Gray, J.S. Hoffman, D.C. Hreha, D.J. Fauth, S.W. Hedges, K.J. Champagne, H.W. Pennline. Parametric Study of Solid Amine Sorbents for the Capture of

Carbon Dioxide[J]. Energy Fuels, 2009, 23: 4840-4844.

[231] F. Su, C. Lu, H.-S. Chen. Adsorption, Desorption, and Thermodynamic Studies of CO_2 with High-Amine-Loaded Multiwalled Carbon Nanotubes. Langmuir, 2011, 27: 8090-8098.

[232] G.P. Knowles, J.V. Graham, S.W. Delaney, A.L. Chaffee. Aminopropyl-functionalized mesoporous silicas as CO_2 adsorbents[J]. Fuel Process.Technol., 2005, 86: 1435-1448.

[233] R.V. Siriwardane, M.-S. Shen, E.P. Fisher, J. Losch. Adsorption of CO_2 on Zeolites at Moderate Temperatures[J]. Energy Fuels, 2005, 19: 1153-1159.

[234] S. Bourrelly, P.L. Llewellyn, C. Serre, F. Millange, T. Loiseau, G. Férey. Different Adsorption Behaviors of Methane and Carbon Dioxide in the Isotypic Nanoporous Metal Terephthalates MIL-53 and MIL-47[J] J. Am. Chem. Soc., 2005, 127: 13519-13521.

[235] D.P. Schrag. Preparing to Capture Carbon[J]. Science, 2007, 315: 812-813.